普通高等教育"十三五"规划教材

C程序设计实训教程

张伟 主编

高建宇 张琳 副主编

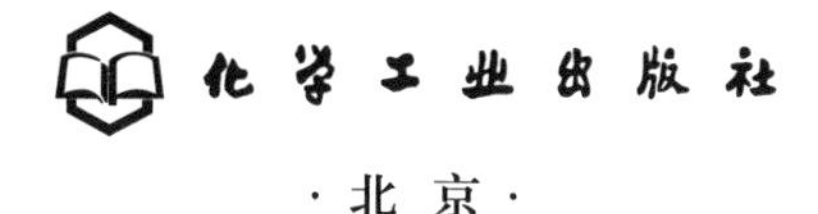

·北京·

本书是基于作者多年来从事C语言课程教学改革经验总结编写的，主要包括C语言概述、数据、格式化输入/输出、运算符和表达式、选择分支结构、循环结构、数组、函数、指针、字符串和字符串函数、局部变量与全局变量、结构体与共用体、文件等的实践训练题，主要题型有选择题、填空题、编程题、综合练习题，还有计算机C语言模拟考试题，各部分都有参考答案。读者通过实际问题进行实践训练，并给出具体程序设计方法，便于形成良好的逻辑思维习惯，强化实践操作能力。

本书是《C程序设计实用教程》（高建宇主编，化学工业出版社出版）教材配套使用的实训指导书，也可以作为C程序设计的实训教材单独使用。

本书适合于应用型本科院校和高职高专院校作为计算机类专业C语言编程课程的实训教材。

图书在版编目（CIP）数据

C程序设计实训教程/张伟主编. —北京：化学工业出版社，2019.12（2024.9重印）
普通高等教育“十三五”规划教材
ISBN 978-7-122-35370-2

Ⅰ.①C… Ⅱ.①张… Ⅲ.①C语言-程序设计-高等学校-教材 Ⅳ.①TP312.8

中国版本图书馆CIP数据核字（2019）第227228号

责任编辑：王听讲　　装帧设计：关　飞
责任校对：宋　玮

出版发行：化学工业出版社（北京市东城区青年湖南街13号　邮政编码100011）
印　　刷：北京云浩印刷有限责任公司
装　　订：三河市振勇印装有限公司
787mm×1092mm　1/16　印张13½　字数334千字　　2024年9月北京第1版第4次印刷

购书咨询：010-64518888　　售后服务：010-64518899
网　　址：http://www.cip.com.cn
凡购买本书，如有缺损质量问题，本社销售中心负责调换。

定　　价：48.00元

前言

本书是基于作者多年来从事C语言课程教学改革经验总结编写的。本书是《C程序设计实用教程》（高建宇主编，化学工业出版社出版）教材配套使用的实训指导书，也可以作为C程序设计的实训教材单独使用。

本书编者们在教学过程中改革了以往课程的授课方式，通过一系列具有明确目的的编程任务来组织教学；通过合理安排这些编程任务，把学生感到困难的教学内容进行分解，把一个高的台阶变成若干低的台阶，同时从一开始上课就让学生把每次课程学过的知识点以编写程序的方式来解决实际生活中的小问题，从而使学生立刻就能体会到成功的喜悦。

掌握一种编程语言需要大量的理论学习和实践编程，同时也需要一本好的学习指导书，如果有好的学习指导书就可以获得事半功倍的学习效果。本书的特点是实践性强，采用解题的方式帮助学生掌握所学的知识与内容；在内容选择上力求实用，在学生们容易犯错的知识点上选择经典习题来展开讲解；在内容编排上，尽量做到由易到难，使得读者能够比较容易地举一反三、循序渐进地去完成C语言程序的学习任务；每个部分都有经典的程序设计案例，读者在明确要完成任务目标的前提下去学习知识，训练技能，边学边做，不断学习与提高；书中还配有大量实训练习，希望通过这些练习能进一步锻炼和培养读者编程的能力。

本书由华北理工大学轻工学院张伟主编，高建宇、张琳任副主编；参编人员还包括华北理工大学轻工学院章昊，唐山市自然资源和规划局张伟，华北理工大学轻工学院李双月、刘金委、芦珊，河北唐山一中信息技术竞赛资深导师杨伟和唐山师范学院李伶利。

本书内容不仅包括了许多任课教师的教学经验，也包括了许多学生的学习经验。在本书的编写过程中，也参考了许多专家和学者的著作和研究成果，在这里向他们表示衷心的感谢。

本书可以作为零基础读者学习C语言程序设计，并想通过全国计算机等级考试二级C语言的实践训练指导书。

由于编者的水平有限，书中如有不妥之处，敬请读者批评指正。

编者

2019年9月

目录

第1章 C语言概述

一、选择题

1. 一个C程序的执行是从（　　）。

   A. 本程序的main函数开始，到main函数结束

   B. 本程序文件的第一个函数开始，到本程序文件的最后一个函数结束

   C. 本程序文件的第一个函数开始，到本程序main函数结束

   D. 本程序的main函数开始，到本程序文件的最后一个函数结束

2. 以下叙述不正确的是（　　）。

   A. 一个C源程序必须包含一个main函数

   B. 一个C源程序可由一个或多个函数组成

   C. C程序的基本组成单位是函数

   D. 在C程序中，注释说明只能位于一条语句的后面

3. 以下叙述正确的是（　　）。

   A. 在对一个C程序进行编译的过程中，可发现注释中的拼写错误

   B. 在C程序中，main函数必须位于程序的最前面

   C. C语言本身没有输入输出语句

   D. C程序的每行中只能写一条语句

4. 一个C语言程序是由（　　）。

   A. 一个主程序和若干个子程序组成

   B. 函数组成

   C. 若干过程组成

   D. 若干子程序组成

5. 计算机能直接执行的程序是（　　）。

   A. 源程序　　B. 目标程序　　C. 汇编程序　　D. 可执行程序

6. （　　）是构成C语言程序的基本单位。

   A. 函数　　B. 过程　　C. 子程序　　D. 子例程

7. C语言程序从（　　）开始执行。

A. 程序中第一条可执行语句　　B. 程序中第一个函数

C. 程序中的 main 函数　　D. 包含文件中的第一个函数

8. 以下说法中正确的是（　　）。

A. C语言程序总是从第一个定义的函数开始执行

B. 在C语言程序中，要调用的函数必须在 main（）函数中定义

C. C语言程序总是从 main（）函数开始执行

D. C语言程序中的 main（）函数必须放在程序的开始部分

9. 下列关于C语言的说法错误的是（　　）。

A. C程序的工作过程是编辑、编译、连接、运行

B. C语言不区分大小写

C. C程序的三种基本结构是顺序、选择、循环

D. C程序从 main 函数开始执行

二、填空题

1. 一个C程序至少包含一个________，即________。

2. C语言允许的两种注释方式，以________开始的为单行注释，以________开始，以________结尾的为块注释。

3. C语言的组成单位是________。

4. 一个函数一般包括两部分：________和________。

5. C语言程序总是从________函数开始执行的。

6. 主函数名后面的一对圆括号中间可以为空，但一对圆括号不能________。

三、编程题

1. 写程序，在屏幕上输出以下信息：

hello，world!

参考答案

一、选择题

1～5：A、D、C、B、B

6～9：A、C、C、B

二、填空题

1. 主函数、main()

2. // 、/ * 、 * /

3. 函数

4. 函数首部、函数体

5. main

6. 省略

三、编程题

1.
```
#inlclude 〈stdio. h〉
void main()
{    printf("hello,world!");    }
```

第2章 数据

一、选择题

1. 在C语言中，下列类型属于构造类型的是（　　）。
   A. 整型　　B. 字符型　　C. 实型　　D. 数组类型
2. 在C语言中，下列类型属于构造类型的是（　　）。
   A. 空类型　　B. 字符型　　C. 实型　　D. 共用体类型
3. 在C语言中，下列类型属于构造类型的是（　　）。
   A. 整型　　B. 指针类型　　C. 实型　　D. 结构体类型
4. 在C语言中，下列类型属于基本类型的是（　　）。
   A. 整型、实型、字符型　　B. 空类型、枚举型
   C. 结构体类型、实型　　D. 数组类型、实型
5. 下列类型属于基本类型的是（　　）。
   A. 结构体类型和整型　　B. 结构体类型、数组、指针、空类型
   C. 实型　　D. 空类型和枚举类型
6. 用户自定义标识符正确的是（　　）。
   A. 3ab　　B. int　　C. fa2_a　　D. sin(x)
7. 可用于C语言用户标识符的是（　　）。
   A. void，define　　B. 2c，DO
   C. For，－abc　　D. as_b3，_123
8. 下列为C语言关键字的是（　　）。
   A. real　　B. long　　C. pointer　　D. integer
9. 下列不属于关键字的是（　　）。
   A. default　　B. printf　　C. struct　　D. unsigned
10. 下列用户自定义标识符正确的是（　　）。
   A. 4a　　B. b_1　　C. －&　　D. * p
11. 以下正确的C语言自定义标识符是（　　）。

A. _1a　　B. 2a_　　C. do　　D. a. 12

12. 合法的用户标识符是（　　）。

A. default　　B. ＃define　　C. a＋b　　D. book

13. 自定义标识符正确的是（　　）。

A. 5d_m　　B. const　　C. x4y　　D. book－1

14. 以下属于C语言关键字的是（　　）。

A. fopen　　B. include　　C. get　　D. unsigned

15. 以下选项中，能用作用户标识符的是（　　）。

A. void　　B. 8_8　　C. _0_　　D. unsigned

16. 可以作为自定义标识符的是（　　）。

A. 2　　B. break　　C. m－n　　D. m_n

17. 以下选项中合法的标识符是（　　）。

A. 1_1　　B. 1 － 1　　C. _11　　D. 1_ _

18. 以下C语言用户标识符中，不合法的是（　　）。

A. _1　　B. AaBc　　C. a_b　　D. a--b

19. 下列不属于C语言保留字的是（　　）。

A. char　　B. while　　C. for　　D. look

20. 错误的实型常数是（　　）。

A. .0　　B. 0. E0　　C. 0. 0　　D. 0E＋0. 0

21. 以下选项中不能作为C语言合法常量的是（　　）。

A. ‘cd’　　B. 1e＋6　　C. “\ a”　　D. ‘\ 011’

22. 正确的C语言字符常量是（　　）。

A. ‘\\’　　B. ‘65’　　C. “A”　　D. ‘/n’

23. 下列不能作为常量的是（　　）。

A. 0582　　B. 0xa5　　C. ‘\ n’　　D. 2. 5e－2

24. 不属于字符型常量的是（　　）。

A. “s”　　B. ‘8’　　C. ‘A’　　D. ‘\ n’

25. 在C语言中，错误的int类型的常数是（　　）。

A. 1E5　　B. 0　　C. 037　　D. 0xaf

26. 以下选项中，能用作数据常量的是（　　）。

A. o115　　B. 0118　　C. 1. 5e1. 5　　D. 115L

27. 在C语言中，‘a’和“a”存储所占用的字节数分别是（　　）。

A. 1，1　　B. 1，2　　C. 2，1　　D. 2，2

28. 下列转义字符中，错误的是（　　）。

A. ‘\ n’　　B. ‘\\’　　C. ‘\ 108’　　D. ‘\ xbb’

29. 在C语言中，整型常量的书写形式不包括（　　）。

A. 二进制　　B. 八进制　　C. 十进制　　D. 十六进制

30. 以下选项中正确的定义语句是（　　）。

A. double　a；b；　　B. double　a＝b＝7；

C. double　a＝7，b＝7；　　D. double，a，b；

31. 设宏定义#define PI 3.1415926，用宏名PI替换的是（　　）。

A. 算术表达式　　B. 字符串

C. 单精度实型数　　D. 双精度实型数

32. 关于宏定义命令，叙述正确的是（　　）。

A. 在程序编译前进行宏替换　　B. 在程序编译时进行宏替换

C. 在程序编译后进行宏替换　　D. 在程序运行时进行宏替换

33. 下列C语言用户标识符中合法的是（　　）。

A. 3ax　　B. x　　C. case　　D. －e2

34. 下列四组选项中，正确的C语言标识符是（　　）。

A. %x　　B. a+b　　C. a123　　D. 123

35. 下列四组字符串中都可以用作C语言程序中的标识符的是（　　）。

A. print　_3d　db8　aBc

B. I\am　one_half　start$it　3pai

C. str_1　Cpp　pow　while

D. Pxq　My－＞book　line#　His.age

36. 在C语言中，回车换行符是（　　）。

A. \n　　B. \t　　C. \v　　D. \b

37. 在C语言中，退格符是（　　）。

A. \n　　B. \t　　C. \v　　D. \b

38. 在C语言中，反斜杠符是（　　）。

A. \n　　B. \t　　C. \v　　D. \\

39. 在ASCII码表中可以看到每个小写字母的ASCII码比它相应的大写字母的ASCII码（　　）。

A. 大32　　B. 大64

C. 小32　　D. 小64

二、填空题

1. 常量是指在程序运行过程中，其值________的量。

2. 变量是指在程序运行过程中，变量的值是__________。变量必须先__________，后________，定义变量时指定该变量的________和________。

3. 定义一个常变量a，类型为整型，赋初值为10，语句为________。

4. C语言规定标识符只能由________、________和________3种字符组成，且第一个字符必须为________或________。

5. 类型，就是对数据分配存储单元的安排，包括________和________。

6. 49转换为二进制是________。

7. 在99标准中，整型用关键字________表示，占______字节；字符型用________表示，占______字节；单精度浮点型用________表示，占______字节；双精度浮点型用________表示，占______字节。

参考答案

一、选择题

1～5：D、D、D、A、C

6～10：C、D、B、B、B

11～15：A、D、C、D、C

16～20：D、C、D、D、D

21～25：A、A、A、A、A

26～30：D、B、C、A、C

31～35：B、A、B、C、A

36～39：A、D、D、A

二、填空题

1. 不变
2. 变化的、定义、使用、名字、数据类型
3. const int a＝10；
4. 数字、字母、下划线、字母、下划线
5. 存储单元的长度、数据的存储形式
6. 110001
7. int、4、char、1、float、4、double、8

第3章 格式化输入/输出

一、选择题

1. putchar 函数可以向终端输出一个（　　）。

A. 整型变量表达式　　B. 实型变量值

C. 字符串　　D. 字符或字符型变量值

2. printf 函数中用到格式符%5s，其中数字 5 表示输出的字符串占用 5 列。如果字符串长度大于 5，则输出按方式（　　）；如果字符串长度小于 5，则输出按方式（　　）。

A. 从左起输出该字符串，右补空格

B. 按原字符长从左向右全部输出

C. 右对齐输出该字符串，左补空格

D. 输出错误信息

3. 设 float x；由键盘输入 12.45，能正确读入数据的输入语句是（　　）。

A. scanf（"%f"，&x）；　　B. scanf（"%d"，&x）；

C. scanf（"%f"，x）；　　D. scanf（"%s"，&x）

4. 设 int x；则以下语句中错误的输入是（　　）。

A. scanf（"%d"，x）；　　B. scanf（"%d"，&x）；

C. scanf（"%o"，&x）；　　D. scanf（"%x"，&x）；

5. 执行语句 printf（"|%9.4f|\n"，12345.67）；后的输出结果是（　　）。

A. |2345.6700|　　B. |12345.6700|

C. |12345.670|　　D. |12345.67|

6. 使用语句 scanf（"a=%f，b=%f"，&a，&b）；输入变量 a，b 的值，正确的是（　　）。

A. 1.25，2.4　　B. 1.25□2.4

C. a=1.25，b=2.4　　D. a=1.25□b=2.4

7. 设 int a，b；为使变量 a 和 b 分别获得数据 10 和 20，则下列正确的是（　　）。

A. scanf（"%d,%d"，&a，&b）；输入数据：10，20〈回车〉

B. scanf ("%d,%d", &a, &b); 输入数据: 10 20〈回车〉

C. scanf ("%d,%d", &a, &b); 输入数据: a=10, b=20〈回车〉

D. scanf ("%d,%d", a, b); 输入数据: 10, 20〈回车〉

8. 程序段 int x=12; double y=3.141593; printf ("%d%8.6f", x, y); 的输出结果是(　　)。

A. 123.141593　　B. 12　3.141593

C. 12, 3.141593　　D. 123.1415930

9. main ()

```
{char a,b,c,d; scanf("%c%c",&a,&b);
c=getchar();d=getchar();
printf("%c%c%c%c\n",a,b,c,d);}
```

当执行程序时, 按下列方式输入数据 (从第 1 列开始, 〈CR〉代表回车, 注意: 回车也是一个字符) 12〈CR〉34〈CR〉, 则输出结果是(　　)。

A. 1234　　B. 12　　C. 123　　D. 12
3

10. 有以下程序 (已知字母 A 的 ASCII 码为 65), 运行后的输出结果是(　　)。

```
#include <stdio.h>
main()
{char c1,c2;   c1='A'+'8'-'4'; c2='A'+'8'-'5'; printf("%c,%d\n",c1,c2);}
```

A. E, 68　　B. D, 69　　C. E, D　　D. 输出无定值

11. 若变量已正确定义为 int 型, 要通过语句 scanf ("%d,%d,%d", &a, &b, &c); 给 a 赋 1、给 b 赋值 2、给 c 赋值 3, 以下输入形式中错误的是(　　)。(□代表一个空格符)

A. □□□1, 2, 3〈回车〉　　B. 1□2□3〈回车〉

C. 1, □□□2, □□□3〈回车〉　　D. 1, 2, 3〈回车〉

12. 设 c1、c2 均是字符型变量, 则以下不正确的函数调用为(　　)。

A. scanf ("c1=%cc2=%c", &c1, &c2);

B. c1=getchar ( );

C. putchar (c2);

D. putchar (c1, c2);

13. 以下叙述中正确的是(　　)。

A. 调用 printf 函数时, 必须要有输出项

B. 使用 putchar 函数时, 必须在之前包含头文件 stdio.h

C. 在 C 语言中, 整数可以以二进制、八进制或十六进制的形式输出

D. 调用 getchar 函数读入字符时, 可以从键盘上输入字符所对应的 ASCII 码

14. 以下程序的功能是: 给 r 输入数据后, 计算半径为 r 的圆面积 s。程序在编译时出错。

```
#include <stdio.h>
void main()
{   int r;   float s;
    scanf("%d",&r);   s=p*r*r;
```

```
    printf("s=%f\n",s); }
```

出错的原因是（　　）。

A. 注释语句书写位置错误

B. 存放圆半径的变量 r 不应该定义为整型

C. 输出语句中格式描述符非法

D. 计算圆面积的赋值语句中使用了非法变量

15. 有以下程序：

```
#include <stdio.h>
void main()
{   char c1='1',c2='2';
    c1=getchar(); c2=getchar(); putchar(c1); putchar(c2); }
```

当运行时输入：a〈回车〉后，以下叙述正确的是（　　）。

A. 变量 c1 被赋予字符 a，c2 被赋予回车符

B. 程序将等待用户输入第 2 个字符

C. 变量 c1 被赋予字符 a，c2 中仍是原有字符 2

D. 变量 c1 被赋予字符 a，c2 中将无确定值

16. 有定义语句：int　a,b;，若要通过 scanf("%d,%d",&a,&b); 语句，使变量 a 得到数值 30，变量 b 得到数值 40，则下面四组输入形式中，正确的输入形式是（　　）。

A. 30　40〈回车〉　　B. 30，40<回车>

C. 30〈回车〉，40〈回车〉　　D. 30〈回车〉40〈回车〉

17. 有以下程序：

```
#include <stdio.h>
void main()
{   int m,n,p;
    scanf("m=%dn=%dp=%d",&m,&n,&p);  printf("%d%d%d\n",m,n,p); }
```

若想从键盘上输入数据，使变量 m 中的值为 123，n 中的值为 456，p 中的值为 789，则正确的输入是（　　）。

A. m=123n=456p=789　　B. m=123 n=456 p=789

C. m=123，n=456，p=789　　D. 123 456 789

二、填空题

1. printf 函数包含在头文件________中。

2. printf 函数的一般格式为：printf（__________，输出表列），格式声明中十进制整数用__________表示，字符用__________表示，单精度用__________表示，双精度用__________表示。

3. scanf 函数的一般格式为：scanf（格式控制，________）。

4. 若整型变量 a 和 b 中的值分别为 7 和 9，要求按以下格式输出 a 和 b 的值：

a=7

b=9

请完成输出语句：printf（"________",a,b)；

5. 设宏定义#define　K　5，执行printf（"%d\n"，K+K)；后的输出结果是________。

6. 执行语句printf（"%s\n","World\0Wide\0Web")；后的输出结果是________。

7. 执行下面程序后的输出结果是________。

```
main()
{ float x=3.6; int I; i=x; printf("x=%5.3f,i=%d\n",x,i);}
```

8. 以下的输出结果是________。

```
main()
{  char c='a';
   printf("c:dec=%d,oct=%o,hex=%x,ASCII=%c\n",c,c,c,c);
}
```

9. 以下的输出结果是 ________

```
main()
{  int x=1,y=2;
   printf("x=%d y=%d * sum * =%d\n",x,y,x+y);
   printf("10 Squared is : %d\n",10 * 10);
}
```

10. 阅读程序并按给定的输出格式，将程序运行结果写在"运行结果:"之后，已知字母A的ASCII码为65，则以下程序运行后的输出结果是________。

```
#include <stdio.h>
void main()
{  char a,b;
   a='A'+'5'-'3'; b=a+'6'-'2';  printf("%d%c\n",a,b); }
```

11. 阅读程序，并按给定的输出格式将程序运行结果写在"运行结果:"之后已知字符A的ASCII代码值为65，以下程序运行时若从键盘输入：B33〈回车〉，则输出结果是________。

```
#include <stdio.h>
void main()
{  char a,b;  a=getchar();
 scanf("%d",&b);
 a=a-'A'+'0';b=b * 2;
  printf("%c %c\n",a,b); }
```

12. putchar的功能为________；getchar的功能为________。

三、编程题

1. 写程序，在屏幕上输出：this is a c program!

2. 分别使用printf、scanf函数和putchar、getchar函数，从键盘输入ADD，并按原样输出。

3. 输入一个字符，分别输出其前导字符、该字符、后续字符。

参考答案

一、选择题

1～5：D、BC、A、A、B
6～10：C、A、D、D、A
11～15：B、D、B、D、A
16～17：B、A

二、填空题

1. stdio. h
2. 格式控制、d、c、f、d
3. 地址表列
4. a=％d \ nb=％d
5. 10
6. World
7. 3. 600，i=3
8. c：dec=97，oct=141，hex=61，ASCII=a
9. x=1 y=2 ＊ sum ＊ =3
   10 suqared is ：100
10. 67G
11. 1 B
12. 输出一个字符、输入一个字符

三、编程题

1.
```
#include 〈stdio. h〉
void main()
{
    printf("this is a c program!");
}
```
2.
```
#include 〈stdio. h〉
void main()
{
    char a,b,c;
  scanf("%c%c%c",&a,&b,&c);
    printf("%c%c%c",a,b,c);
}
```

```
#include <stdio.h>
void main()
{
   char a,b,c;
   a=getchar();b=getchar();c=getchar();
   putchar(a); putchar(b); putchar(c);
}
```

3.
```
#include <stdio.h>
void main()
{
    char a;
    scanf("%c",&a);
      printf("%c%c%c",a-1,a,a+1);
}
```

第4章 运算符和表达式

一、选择题

1. 下列运算符中优先级最高的是（　　）。

A. ?:　　B. &&　　C. <　　D. !

2. 下列运算符的操作数必须是整型的是（　　）。

A. /　　B. !　　C. %　　D. =

3. 若 a 是数值类型，则逻辑表达式（a==1）||（a! =1）的值是（　　）。

A. 1　　B. 0

C. 2　　D. 不知道 a 的值，不能确定

4. 若有定义语句：int x=10;，则表达式 x-=x+x 的值为（　　）。

A. -20　　B. -10　　C. 0　　D. 10

5. 表达式 0&&3||4 和 2&&1 的值分别是（　　）。

A. 4 和 0　　B. 4 和 1　　C. 1 和 0　　D. 1 和 1

6. 设 char c=' A'; int i=1, j;，执行 j=! c&&i++；后，i 和 j 的值分别是（　　）。

A. 1 和 0　　B. 1 和 1　　C. 2 和 0　　D. 2 和 1

7. 设 int a;，执行表达式（a=1,2,3），a+1 后，a 和表达式的值分别是（　　）。

A. 1 和 2　　B. 2 和 3　　C. 3 和 4　　D. 4 和 5

8. 设 int a=0, b=1;，下列语句错误的是（　　）。

A. a=b=10;　B. a++;　　C. b+=a;　　D. (a+b)++;

9. 能正确表达数学关系式 0≤x<20 的 C 语言表达式是（　　）。

A. 0<=x<20　　B. x>=0||x<20

C. x>=0&&x<20　　D. !(x<=0)&&x<20

10. 设 double x=5.168;，执行 printf（"%5.3f\n",（int）（x*10+0.5）/10.0）；后的输出结果是（　　）。

A. 5.218　　B. 5.210　　C. 5.200　　D. 5.168

11. 设 char ch='a';，执行 printf("%d,%c\n",ch,ch+2)；后的输出结果是（　　）。

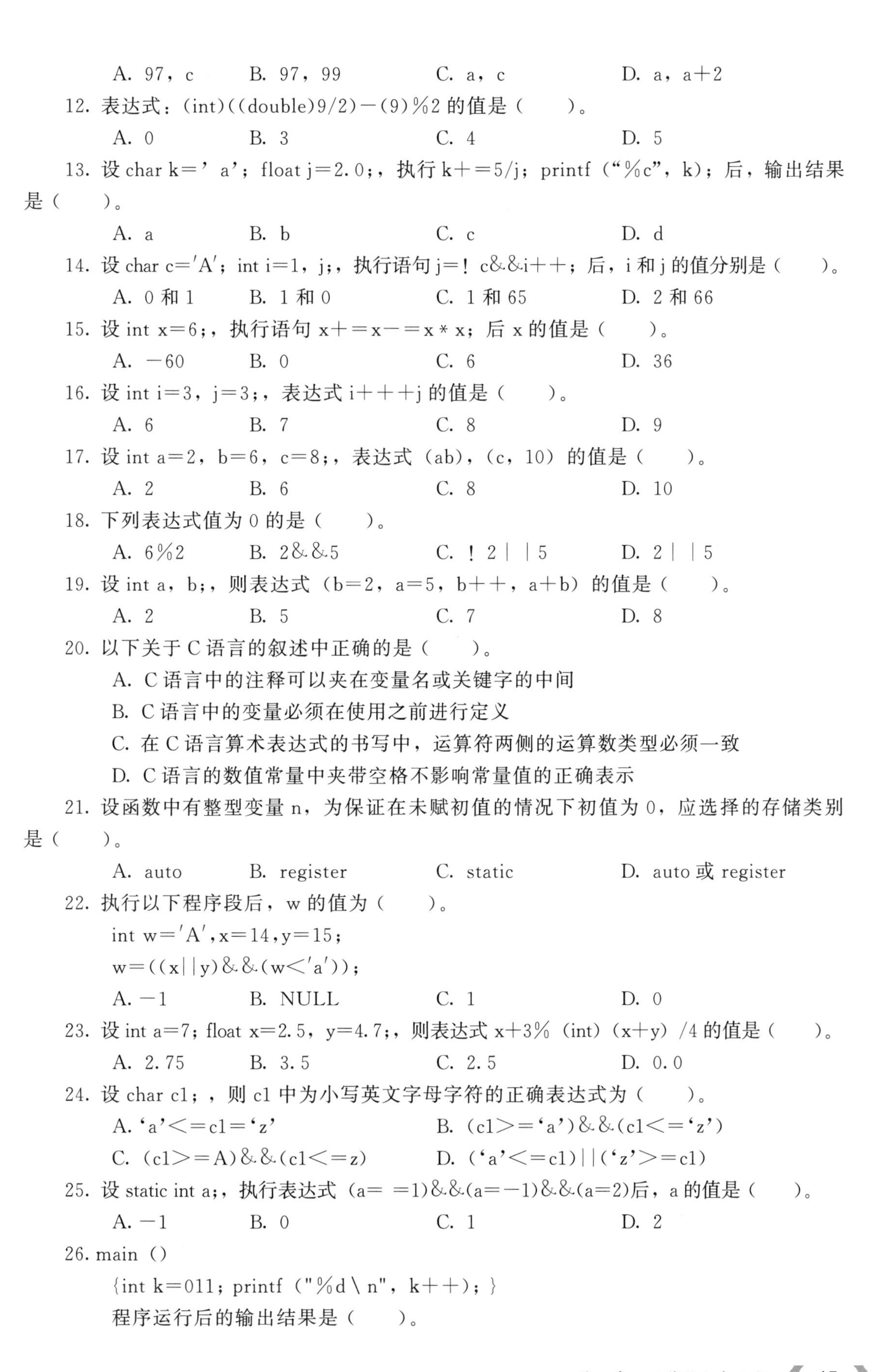

A. 97，c　　B. 97，99　　C. a，c　　D. a，a+2

12. 表达式：(int)((double)9/2)－(9)%2 的值是（　　）。

A. 0　　B. 3　　C. 4　　D. 5

13. 设 char k=' a'；float j=2.0;，执行 k+=5/j；printf（"%c"，k)；后，输出结果是（　　）。

A. a　　B. b　　C. c　　D. d

14. 设 char c='A'；int i=1，j;，执行语句 j=！c&&i++；后，i 和 j 的值分别是（　　）。

A. 0 和 1　　B. 1 和 0　　C. 1 和 65　　D. 2 和 66

15. 设 int x=6;，执行语句 x+=x－=x * x；后 x 的值是（　　）。

A. －60　　B. 0　　C. 6　　D. 36

16. 设 int i=3，j=3;，表达式 i+++j 的值是（　　）。

A. 6　　B. 7　　C. 8　　D. 9

17. 设 int a=2，b=6，c=8;，表达式（ab)，(c，10）的值是（　　）。

A. 2　　B. 6　　C. 8　　D. 10

18. 下列表达式值为 0 的是（　　）。

A. 6%2　　B. 2&&5　　C. ！2||5　　D. 2||5

19. 设 int a，b;，则表达式（b=2，a=5，b++，a+b）的值是（　　）。

A. 2　　B. 5　　C. 7　　D. 8

20. 以下关于 C 语言的叙述中正确的是（　　）。

A. C 语言中的注释可以夹在变量名或关键字的中间

B. C 语言中的变量必须在使用之前进行定义

C. 在 C 语言算术表达式的书写中，运算符两侧的运算数类型必须一致

D. C 语言的数值常量中夹带空格不影响常量值的正确表示

21. 设函数中有整型变量 n，为保证在未赋初值的情况下初值为 0，应选择的存储类别是（　　）。

A. auto　　B. register　　C. static　　D. auto 或 register

22. 执行以下程序段后，w 的值为（　　）。

```
int w='A',x=14,y=15;
w=((x||y)&&(w<'a'));
```

A. －1　　B. NULL　　C. 1　　D. 0

23. 设 int a=7；float x=2.5，y=4.7;，则表达式 x+3%（int)（x+y）/4 的值是（　　）。

A. 2.75　　B. 3.5　　C. 2.5　　D. 0.0

24. 设 char c1;，则 c1 中为小写英文字母字符的正确表达式为（　　）。

A. 'a'<=c1='z'　　B. (c1>='a')&&(c1<='z')

C. (c1>=A)&&(c1<=z)　　D. ('a'<=c1)||('z'>=c1)

25. 设 static int a;，执行表达式（a= =1)&&(a=－1)&&(a=2)后，a 的值是（　　）。

A. －1　　B. 0　　C. 1　　D. 2

26. main（）

```
{int k=011; printf ("%d\n", k++); }
```

程序运行后的输出结果是（　　）。

A. 12　　B. 11　　C. 10　　D. 9

27. 以下叙述中正确的是（　　）。

A. C程序的基本组成单位是语句　　B. C程序中的每一行只能写一条语句

C. 简单C语句必须以分号结束　　D. C语句必须在一行内写完

28. 设 int a，b;，与 a+=b++；等价的是（　　）。

A. a=b++；　B. a=++b；　C. a=a+b++；　D. a=a+++b；

29. 设 int a=1，b=2，c=3;，执行表达式（a>b）&&（c=1）后 c 的值是（　　）。

A. 0　　B. 1　　C. 2　　D. 3

30. 已知字符'A'的 ASCII 码值是 65，且 char c1='A'，c2='D'；则执行语句 printf("%d,%d\n",c1,c2-2)；后的输出结果是（　　）。

A. A，D　　B. A，B　　C. 65，68　　D. 65，66

31. 若有下列程序段：int x=1，y=2；x=x+y；y=x-y；x=x-y；则执行后 x 和 y 的值分别为（　　）。

A. 1 和 2　　B. 2 和 2　　C. 2 和 1　　D. 1 和 1

32. 设 int a=3，b=4;，则 printf（"%d,%d",(a,b),(b,a)）；的输出结果是（　　）。

A. 3，4　　B. 4，3　　C. 3，4，4，3　　D. 4，3，3，4

33. 设 int x=2，y=4;，值为非 0 的表达式是（　　）。

A. 1/x*y　　B. 1/（x*y）　　C. 1.0/x/y　　D. 1/x/（double）y

34. 设 int a=2，b=5;，结果为 0 的表达式是（　　）。

A. a%b　　B. a&&b　　C. a=b　　D. a==b

35. 设 int a=0；错误的语句是（　　）。

A. ++a;　　B. a++;　　C. a=-a;　　D. (-a)++;

36. 设 int a=1，b=2，c=3，d=4，f;，执行语句 f=(a!=b)? c++:d++；后 f 的值是（　　）。

A. 2　　B. 3　　C. 4　　D. 5

37. 下列运算符优先级最高的是（　　）。

A. +=　　B. ,　　C. !　　D. ?:

38. 设 int a=1，b=2;，则执行 a=b+2，a++，a+b；后 a 和 b 的值分别是（　　）。

A. 1 和 2　　B. 3 和 2　　C. 4 和 7　　D. 5 和 2

39. 设 int a=2，b=3，c=4;，则表达式 a>b&&b<c||b 的值是（　　）。

A. -1　　B. 0　　C. 1　　D. 2

40. 设 int a，x=2；执行语句 a=x>0? 3*x:（x=10）；后，变量 x 的值是（　　）。

A. 1　　B. 2　　C. 6　　D. 10

41. 设有以下程序段：

```
int x=2,y=2,z=0,a;  a=++x||++y&&z++;
printf("%d,%d,%d\n",x,y,z);
```

执行后输出的结果是（　　）。

A. 2，2，0　　B. 3，3，1　　C. 3，2，0　　D. 3，2，1

42. 逗号表达式 a=2*6，a*3，a+5 的值是（　　）。

A. 12　　B. 17　　C. 36　　D. 41

43. 在C语言中，下列运算符中结合性属于自右向左的是（　　）。

A. &&　　　B. --　　　C. *　　　D. ( )

44. 设int x=10，a=0，b=25;，条件表达式x<1? a+10：b的值是（　　）。

A. 0　　　B. 1　　　C. 10　　　D. 25

45. C语言中，下列运算符优先级最高的是（　　）。

A. !　　　B. %　　　C. ( )　　　D. ==

46. 设有以下程序段：

int a=1,b=10,c=1,x;　x=a&&b||++c;

printf("%d,%d\n",x,c);

执行后输出的结果是（　　）。

A. 0，0　　　B. 0，1　　　C. 1，0　　　D. 1，1

47. 在C语言中，运算符"="和"=="的功能分别是（　　）。

A. 关系运算和赋值运算　　　B. 赋值运算和关系运算

C. 都是关系运算　　　D. 都是赋值运算

48. 设char a='\70'；则变量a中（　　）。

A. 包含1个字符　　　B. 包含2个字符

C. 包含3个字符　　　D. 是非法表示

49. 设int i=10;，表达式30-i<=i<=9的值是（　　）。

A. 0　　　B. 1　　　C. 9　　　D. 20

50. 以下不能看作一条C语句的是（　　）。

A. {;}　　　B. a=5，b=5，c=5;

C. if (x>=0&&y=0);　　　D. if(x==0)a=5；b=10;

51. 下列关于C语言的叙述错误的是（　　）。

A. 英文字母大小写不加以区分

B. 不同类型的变量可以出现在同一个表达式中

C. 在赋值表达式中赋值号两边的类型可以不同

D. 某些运算符在不同的场合可以有不同的含义

52. 下列转义字符中错误的是（　　）。

A. '\000'　　　B. '\14'　　　C. '\x111'　　　D. '\2'

53. 设int a=10，b=20，c=30；条件表达式a<b? a=5：c的值是（　　）。

A. 5　　　B. 10　　　C. 20　　　D. 30

54. 设int a=9，b=6，c;，执行语句c=a/b+0.8；后c的值是（　　）。

A. 1　　　B. 1.8　　　C. 2　　　D. 2.3

55. 设int a;，则逗号表达式a=2，4，a+1的值是（　　）。

A. 1　　　B. 2　　　C. 3　　　D. 4

56. 设int i；float f；double d；long int e;，则表达式10+'a'+i*f-d/e结果的类型是（　　）。

A. double　　　B. long　　　C. int　　　D. float

57. 设int a=0，b=0，m=0，n=0;，则执行（m=a==b）‖（n=b==a）后m和n的值分别是（　　）。

A. 0，0　　B. 0，1　　C. 1，0　　D. 1，1

58. 设有说明：char w；int x；float y；double z；，则表达式 w * x+z-y 值的数据类型为（　　）。

A. float　　B. char　　C. int　　D. double

59. 设以下变量均为 int 类型，则值不等于 7 的表达式是（　　）。

A. （x=y=6，x+y，x+1）　　B. （x=y=6，x+y，y+1）

C. （x=6，x+1，y=6，x+y）　　D. （y=6，y+1，x=y，x+1）

60. 判断 char 型变量 ch 是否为数字的表达式是（　　）。

A. '0'<=ch<='9'　　B. (ch>'0')&&(ch <'9')

C. (ch>='0')&&(ch<='9')　　D. (ch>='0')||(ch<='9')

61. 以下选项中逻辑表达式为真，能正确表示 a 和 b 不同时为 0 的选项是（　　）。

A. a * b==0

B. (a==0)||(b==0)

C. (a==0&&b！=0)&&(b==0&&a！=0)

D. (a！= 0)||(b！= 0)

62. 能表示 a 不能被 2 整除且 a、b 不相等，但 a、b 的和等于 0 的 C 语言逻辑表达式是（　　）。

A. a==-b && a%2==0　　B. a！=b && a+b==0 && a%2

C. ！(a%2)&&a==-b　　D. a%2==0 a+b==0

63. 有以下程序

```
#include〈stdio.h〉
void main()
{  int  x=2,y=3,z;
   char ch='a';
   z=(x||！y)&&(ch>'A');
   }
```

程序运行后 z 的值是（　　）。

A. True　　B. false　　C. 0　　D. 1

64. 在 C 语言程序中，表达式 5%2 的结果是（　　）。

A. 2.5　　B. 2　　C. 1　　D. 3

65. 如果 int a=3，b=4；则条件表达式“a<b? a : b”的值是（　　）。

A. 3　　B. 4　　C. 0　　D. 1

66. 若 int x=2、y=3、z=4，则表达式 x<z? y : z 的结果是（　　）。

A. 4　　B. 3　　C. 2　　D. 0

67. C 语言中，关系表达式和逻辑表达式的值是（　　）。

A. 0　　B. 0 或 1　　C. 1　　D. 'T' 或' F'

68. 下面（　　）表达式的值为 4。

A. 11/3　　B. 11.0/3

C. (float)11/3　　D. (int)(11.0/3+0.5)

69. 设整型变量 a=2，则执行下列语句后，浮点型变量 b 的值不为 0.5 的是（　　）。

A. b=1.0/a　　B. b=(float)(1/a)

C. b=1/(float)a　　D. b=1/(a * 1.0)

70. 若“int n; float f=13.8;”，则执行“n=(int)f%3”后，n的值是（　　）。

A. 1　　B. 4　　C. 4.333333　　D. 4.6

二、填空题

1. 关系运算符、逻辑运算符、算术运算符和赋值运算符的运算优先级顺序由高到低的排列顺序是______、______、______、______。

2. 满足|y|<9的C语言表达式是______。

3. 设字符变量ch的值是大写英文字母，将它转换为相应的小写英文字母的C语言表达式是______。

4. 判断字符变量ch的值是英文字母的C语言表达式是______。

5. 表达式4&&5+3||1的值是______。

6. 设int j=5;，则执行语句j+=j-=j * j;后j的值是______。

7. 设int a，b=2，c=3;执行表达式a=(b>c)?(b+1):(c+2)，后a的值是______。

8. 在C语言中，++运算符的结合性是______。

9. 表达式(int)((double)(5/2)+2.5)的值是______。

10. 若有定义语句：int a=5;，则表达式：a++的值是______。

11. 若有语句double x=17; int y;，当执行y=(int)(x/5)%2;之后y的值为______。

12. 表达式3！=6的值是______。

13. 设int x=10，y=3;，执行printf（“%d,%d\n”，x--，++y);后的输出结果是______。

14. 设int a，b，c;，表达式a=2，b=5，b++，a+b的值是______。

15. 设int a=1，b=2，m=2，n=2;，执行表达式（m=a<b)||++n后，n的值是______。

16. 设int x=4，y=2;，表达式x<y? y：x++的值是______。

17. 设int x=3;，执行语句printf((x%2)?（“ * * %d\n”):(“##%d\n”),x);后，输出结果是______。

18. 执行printf(“%d\n”,1+！2+(3<=4)+5/6+7%8);后的输出结果是______。

19. 设int m=0;，执行表达式m||(m=2)||(m=3)||(m=4)后，m的值是______。

20. 设int n;，“n的值能同时被3和5整除”的逻辑表达式是______。

21. 设int I; float f=3.14;，执行i=（int）f;后，变量f的值是______。

22. 设double x;，则表达式x=5，(x+5）/2的值是______。

23. 赋值运算符的结合性是______。

24. 设char ch;，判断ch为数字字符的逻辑表达式是______。

25. 设int x=14;，则表达式x++%-5的值为______。

26. 设Char ax;，则变量ax占用的内存字节数是______。

27. 设 int x=5;，则表达式 2/（float）（x）+3/x 的结果是 ________ 。

28. 一个字符型变量所占内存的字节数是 ________。

29. 设 int x=-9，y;，则执行 y=x>=0? x：-x；后，y 的值是 ________。

30. 设 x 为 int 型变量，请写出一个关系表达式 ________，用以判断 x 同时为 3 和 7 的倍数时，关系表达式的值为真。

31. 设 int a=10;，则执行语句 a+=a-=a+a；后，a 的值是 ________。

32. 设 int x=3，y=5;，则执行 printf（“%d \ n”，x||y);后，输出 ________。

33. 设 int a=2;，则执行 a+=a*=15；后，变量 a 的值是 ________。

34. C 语言中，&& 作为双目运算符表示的运算是 ________ 。

35. int a；float b；char c；long d；double e；，则表达式 a/c-b+d-e 值的类型是 ________。

36. 设 int x=5；x+=x-=x+x；则执行 printf(“%d\n”,x)；后，输出的值是 ________。

37. 设 int a=0，b=0，c;，则执行 c=(a-=b-5)，(a=b，b=3)；后，变量 c 的值是 ________。

38. 设 int a=0，b=0，c=2，d=4;，则执行（c=a==b)||(d=b==a)；后，变量 d 的值是 ________。

39. 设 int x;，则将 x 强制转换为双精度类型的表达式应写成 ________。

40. 设 int x=2，y=1；则表达式 x+++y 的值是 ________。

41. 设 int a=-3，b=7，c=-1；则执行（a==0）&&（a=a%b<b/c)；后，变量 a 的值是 ________。

42. 设 int a，b，c；则执行 a=(b=3,c=5,b=10)；后，变量 a 的值是 ________。

43. 若有以下定义，int m=5，y=2；则计算表达式 y+=y-=m*=y 后的 y 值是 ________。

44. 若 s 是 int 型变量，且 s=6，则表达式 s%2+(s+1)%2 的值为 ________。

45. 若 a 是 int 型变量，则表达式（a=4*5，a*2)，a+6 的值为 ________。

46. 若 x 和 a 均是 int 型变量，则计算表达式 x=(a=4，6*2）后的 x 值为 ________，计算表达式 x=a=4，6*2 后的 x 值为 ________。

47. 若 a 是 int 型变量，则计算表达式 a=25/3%3 后 a 的值为 ________。

48. 若 x 和 n 均是 int 型变量，且 x 和 n 的初值均为 5，则计算表达式 x+=n++后 x 的值为 ________，n 的值为 ________。

49. 若有定义：char c=‘\010’；则变量 c 中包含的字符个数为 ________。

50. 若有定义：int x=3，y=2；float a=2.5，b=3.5；则表达式(x+y)%2+(int)a/(int)b 的值为 ________。

三、编程题

1. 编写程序，读入 3 个双精度数，求它们的平均值，并保留此平均值小数点后一位数，对小数点后第二位数进行四舍五入，最后输出结果。

2. 编写一个程序，输入半径，输出其圆周长、圆面积及圆球体积。

3. 从键盘输入三角形三边 a、b、c 的长，计算三角形的面积 area，area 小数点后保留 4 位，左对齐，宽度为 10。

参考答案

一、选择题

1～5：D、C、A、B、D
6～10：A、A、D、C、C
11～15：A、B、C、B、A
16～20：A、D、A、D、B
21～25：C、C、C、B、B
26～30：D、C、C、D、D
31～35：C、B、C、D、D
36～40：B、C、D、C、B
41～45：C、B、B、D、C
46～50：D、B、A、B、D
51～55：A、C、A、A、C
56～60：A、C、D、C、C
61～65：C、B、D、C、A
66～70：B、B、D、B、A

二、填空题

1. 算术运算符、关系运算符、逻辑运算符、赋值运算符
2. y＞－9||y＜9
3. ch＝ch＋32；
4. (ch＞＝’A’&& ch＜＝’Z’)||(ch＞＝’a’&& ch＜＝’z’)
5. 2
6. －40
7. 5
8. 由右向左
9. 4
10. 5
11. 1
12. 1
13. 10，4
14. 8
15. 2
16. 4
17. * *3
18. 9
19. 2

20. n%3==0&&n%5==0

21. 3.14

22. 5.0

23. 由右向左

24. ch>='0'&&ch<='9'

25. 4

26. 1

27. 0.4

28. 1

29. 9

30. x%3==0&&x%7==0

31. −20

32. 1

33. 60

34. 逻辑与

35. double

36. −10

37. 5

38. 4

39. (double)x

40. 3

41. −3

42. 10

43. −16

44. 1

45. 26

46. 12、4

47. 2

48. 10、6

49. 1

50. 1

三、编程题

1.
```
#include <stdio.h>
void main()
{
    double a,b,c;
    scanf("%lf%lf%lf",&a,&b,&c);
    printf("%.1f",(a+b+c)/3);
}
```

2. #include 〈stdio. h〉

```
void main()
{
    float r,l,s,v;
     scanf("%f",&r);
     l=3.14*2*r;
     s=3.14*r*r;
     v=4/3*3.14*r*r*r;
   printf("l=%f,s=%f,v=%f",l,s,v);
}
```

3. #include 〈stdio. h〉

```
#include <math.h>
int main( )
{
    double a,b,c,s,area;
    scanf("%lf,%lf,%lf",&a,&b,c);
    s=(a+b+c)/2;
    area=sqrt(s*(s-a)*(s-b)*(s-c));
    printf("area=%f\n",area);
    return 0;
}
```

第5章 选择分支结构

一、选择题

1. 关于 if 后面一对圆括号中的表达式，叙述正确的是（　　）。
   A. 只能用关系表达式
   B. 只能用逻辑表达式
   C. 只能用关系表达式或逻辑表达式
   D. 可以使用任意合法的表达式
2. 对 switch 后面一对圆括号中的表达式，叙述正确的是（　　）。
   A. 只能用数字　　B. 可以是浮点数
   C. 只能用整型数据或字符型数据　　D. 以上叙述都不对
3. 以下不正确的 if 语句是（　　）。
   A. if(a<b)t=a;
   B. if(a! =b && b);
   C. if(a=b)printf("equal");
   D. if(a>b)&&(b>c)printf("max=%d",a);
4. 有以下程序：

```
#include<stdio.h>
void main()
{   int m=-2;
    if(m==0)   printf("@@@");
    else   printf("%%%"); }
```

   程序运行后的输出结果是（　　）。
   A. @@@　　B. %%%　　C. %%　　D. @@@%%%
5. 有以下程序：

```
#include<stdio.h>
void main()
```

```
{int a=12,b=20,t=18;
if(a>b)   t=a;a=b;b=t;
printf("a=%d,b=%d,t=%d",a,b,t); }
```

程序运行后的输出结果是（　　）。

A. a=12，b=20，t=18　　B. a=20，b=18，t=18

C. a=20，b=12，t=12　　D. a=20，b=18，t=12

6. 有以下程序：

```
#include<stdio.h>
void main()
{   int t=65;
    if(t>45) printf("%d",t);
    else printf("%d",t);
    if(t>35) printf("%d",t);
    else printf("%d",t);
    if(t>25) printf("%d",t);
}
```

程序运行后的输出结果是（　　）。

A. 65　　B. 6565　　C. 656565　　D. 不确定的值

7. 有以下程序：

```
#include<stdio.h>
void main()
{   int t=8;
    if(t-->=8)
       printf("%d\n",t--);
    else
       printf("%d\n",t++);
}
```

程序运行后的输出结果是（　　）。

A. 9　　B. 8　　C. 7　　D. 6

8. 有以下程序：

```
#include<stdio.h>
void main()
{
  int a=2,b=5,c=3,d=2,x;
  if(a%3>b)
  if(c>d)
  if(b<d)x=++b;
  else x=++d;
  else x=--c;
```

```
else  x=++b;
}
```

程序运行后 x 的值是（　　）。

A. 6　　B. 3　　C. 2　　D. 7

9. 与"y=(x>0? x:x<0? -x:0)"的功能相同的 if 语句是（　　）。

A.
```
if(x)
    if(x>0) y=x;
    else if(x<0) y=-x;
        else y=0;
```

B.
```
if(x)
    if(x==0) y=0;
    else if(x<0) y=-x;
        else y=x;
```

C.
```
y=-x;
if(x)
  if(x>0) y=x;
  else if(x==0) y=0;
      else  y=-x;
```

D.
```
y=0;
if(x>=0)
  if(x>0) y=x;
  else  y=-x;
```

10. 以下关于 switch 和 break 语句的说法中正确的是（　　）。

A. break 语句只能用在 switch 语句中；

B. 在 switch 语句中，可以根据需要决定是否使用 break 语句；

C. 在 switch 语句中必须使用 break 语句；

D. 以上选项都不正确；

11. 有以下程序；

```
#include<stdio.h>
void main()
{
  int c;
  c=getchar();
  switch(c-'2')
  {  case 0:
     case 1:putchar(c+4);
     case 2:putchar(c+4);break;
     case 3:putchar(c+3);
     case 4:putchar(c+2);break; }
}
```

程序运行后，输入 2〈回车〉，输出结果是（　　）。

A. 66　　B. 6　　C. 6654　　D. 没有输出内容

12. 分析以下程序，下列说法正确的是（　　）。

```
main()
{  int x=5,a=0,b=0;
   if(x=a+b)printf("* * * *\n");
   else  printf("# # # #\n");
}
```

A. 有语法错，不能通过编译　　　　B. 通过编译，但不能连接

C. 输出* * * *　　　　　　　　　D. 输出# # # #

13. 分析以下程序，下列说法正确的是（　　）。

```
main()
{  int x=5,a=0,b=3;
   if(x=a+b)printf("* * * *\n");
   else  printf("# # # #\n");
}
```

A. 有语法错，不能通过编译　　　　B. 通过编译，但不能连接

C. 输出* * * *　　　　　　　　　D. 输出# # # #

14. 分析以下程序，下列说法正确的是（　　）。

```
main()
{   int x=0,a=0,b=0;
    if(x=a+b)printf("* * * *\n");
    else  printf("# # # #\n");
}
```

A. 有语法错，不能通过编译　　　　B. 通过编译，但不能连接

C. 输出* * * *　　　　　　　　　D. 输出# # # #

15. 分析以下程序，下列说法正确的是（　　）。

```
main()
{   int x=0,a=0,b=0;
    if(x==a+b)printf("* * * *\n");
    else  printf("# # # #\n");
}
```

A. 有语法错，不能通过编译　　　　B. 通过编译，但不能连接

C. 输出* * * *　　　　　　　　　D. 输出# # # #

二、填空题

1. if（表达式）语句 1 中的“表达式”可以是________、________、________。

2. 判断对错：if 语句中的 else 子句是必须有的________。

3. 判断对错：if 语句中 if 部分、else 部分后都有分号，所以是两个语句________。

4. max=(a>b)? a:b；等价于（用 if 语句表示）：________。

5. 判断对错：在 if 嵌套语句中，else 总是与它上面最近的未配对的 if 配对________。

6. 判断对错：switch 后面括号内的表达式，其值的类型应为整数类型（包括字符型）________。

7. 判断对错：在 switch 语句中，各个 case 标号出现次序影响执行结果________。

8. 通过函数 y=4+|x|计算函数值的 if 语句是________________。

9. 以下程序的功能是输入 3 个整型变量 num1、num2、num3 的值，然后对这 3 个变量按从小到大的顺序排序。请填空。

```
#include<stdio.h>
void main()
{   int num1,num2,num3,temp;
    printf("please input three numbers:");
    scanf("%d%d%d",&num1,&num2,&num3);
    if(___(1)___){ temp=num1;num1= num2; num2=temp; }
    if(___(2)___){ temp=num1;num1= num3; num3=temp; }
    if(___(3)___){ temp=num2;num2= num3; num3=temp; }
}
```

10. 以下程序的功能是输入 3 个整型变量 num1、num2、num3 的值，求它们中的最大值。请填空。

```
#include<stdio.h>
void main()
{   int num1,num2,num3,temp,max;
    printf("please input three numbers:");
    scanf("%d%d%d",&num1,&num2,&num3);
    if(num1>num2) max=num1;
    else___(1)___;
    if(___(2)___) max= num3;
    printf("The largest number is : %d.\n",max);
}
```

11. 以下程序的功能是从键盘输入一个年份 year 的值（4 位十进制数），判断其是否闰年。闰年的条件是：能被 4 整除，但不能被 100 整除；或者能被 400 整除。请填空。

```
#include<stdio.h>
void  main()
{
    int year,leap=0;
    printf("please input the year:");
    scanf("%d",&year);
    if(year%400==0) leap=1;
    else if(___(1)___)leap=1;
    else(___(2)___);
    if(___(3)___) printf(" %d is a leap year.\n",year);
        else printf(" %d is not a leap year.\n",year);
}
```

12. 写出以下程序结果：

```
include <stdio.h>
main()
{   int a=-1,b=4,k;
    k=(a++<=0)&&(! (b--<=0));
```

```
    printf("%d,%d,%d\n",k,a,b);
}
```

13. 写出以下程序结果：

```
main()
{   int x=4,y=0,z;
    x*=3+2;
    printf("%d",x);
    x*=(y==(z=4));
    printf("%d",x);
}
```

14. 写出以下程序结果：

```
    main()
{   int x,y,z;
    x=3; y=z=4;
    printf("%d",(x>=z>=x)? 1:0);
    printf("%d",z>=y && y>=x);
}
```

15. 写出以下程序结果：

```
main()
{   int x=1,y=1,z=10;
    if(z<0)
        if(y>0) x=3;
        else   x=5;
    printf("%d\t",x);
    if(z=y<0) x=3;
    else if(y==0) x=5;
    else x=7;
    printf("%d\t",x);
    printf("%d\t",z);
}
```

16. 写出以下程序结果：

```
main()
{   char x='B';
    switch(x)
    {    case 'A': printf("It is A.");
         case 'B': printf("It is B.");
         case 'C': printf("It is C.");
         default: printf("other.");
    }
}
```

17. 写出以下程序结果：

```
main()
{   int x=1,y=0,a=0,b=0;
    switch(x)
    {   case 1: switch(y)
          { case 0: a++;break;
            case 1: b++;break;
            }
          case 2: a++;b++;break;
          case 3: a++;b++;
    }
    printf("a=%d,b=%d\n",a,b);
}
```

三、编程题

1. 编写程序，输入两个运算数和一个运算符（+，-，*，/,%），输出计算结果。

2. 编写电子词典主控程序，假定电子词典具有单词查询、增加词条、修改词条、删除词条等功能项，每个功能项暂用空语句代替或用 printf（）函数输出一些提示信息代替。

3. 输入一个字符，判别它是否大写字母，如果是，将它转换成小写字母；如果不是，不转换。输出最后得到的字符。

4. 要求按照产量等级输出产量数范围，A 等为 90 吨以上，B 等为 70～89 吨，C 等为 60～69 吨，D 等为 60 吨以下，产量等级由键盘输入（用 switch 语句）。

参考答案

一、选择题

1～5：D、C、C、B、B

6～10：C、C、A、A、B

11～15：A、D、C、D、C

二、填空题

1. 关系表达式、逻辑表达式、数值表达式
2. 错
3. 错
4. if（a>b）

   x=a;

else

max=b;

5. 对

6. 对

7. 错

8. if(x>=0) y=4+x; else y=4-x;

9. (1) num1>num2

(2) num1>num3

(3) num2>num3

10. (1) max=num2

(2) num3>max

11. (1) year%4==0&& year%100! =0

(2) leap=0

(3) leap

12. 1, 0, 3

13. 200

14. 01

15. 1 7 0

16. It is B. It is C. other

17. a=2. b=1

三、编程题

```
1. #include<stdio.h>
void main()
{
    int  op1,op2;
    float result;
    char  op3.ch;
    printf("请输入两个操作数和一个运算符(+、-、*、/、%):\n" );
    scanf("%d,%d,%c",&op1,&op2.&op3);
    switch( op3 )
    {   case '+':result=op1+op2;break;
        case '-': result=op1-op2;break;
        case '*': result=op1 * op2;break;
        case '/': result=(float)op1/op2;break;
        case '%':result=op1%op2;break;
        default : printf("operator error") ;
    }
    printf("运算结果是:");
    printf("%d %c %d = %f \n",op1,op3.op2.result);
}
```

2.
```
#include<stdio.h>
void main()
{   char c;
    printf("\t\t电子词典主控程序\n")
    printf("S—单词查询");
    printf("A—增加词条");
    printf("M—修改词条");
    printf("\t\t\tD—删除词条\n");
    printf("Q—退出程序\n");
    printf("请选择输入");
    scanf("%c",&c);
    switch(c)
    {   case's':
        case 'S': printf("S—单词查询\n");break;
        case 'a':
        case 'A': printf("A—增加词条\n");break;
        case 'm':
        case 'M': printf("M—修改词条");break;
        case 'd':
        case 'D': printf("D—删除词条\n");break;
        case 'q':
        case 'Q': printf("Q退出程序\n");break;
        }
}
```
3.
```
#include <stdio.h>
int main()
{
   char ch;
   scanf("%c",&ch);
   ch=(ch>='A' && ch<='Z')? (ch+32):ch;
   printf("%c\n",ch);
   return 0;
}
```
4.
```
#include <stdio.h>
int main()
{
    char rank;
    scanf("%c",&rank);
    printf("product:");
    switch(rank)
```

```
    {   case 'A': printf(">=90\n");break;
        case 'B': printf("70~89\n");break;
        case 'C': printf("60~69\n");break;
        case 'D': printf("<60\n");break;
        default:  printf("enter data error! \n");
    }
    return 0;
}
```

第6章 循环结构

一、选择题

1. 下面有关 for 循环的正确描述是（　　）。

   A. for 循环只能用于循环次数已经确定的情况

   B. for 循环是先执行循环体语句，后判定表达式

   C. 在 for 循环中，不能用 break 语句跳出循环体

   D. for 循环体语句中，可以包含多条语句，但要用花括号括起来

2. 对于 for（表达式 1;；表达式 3）可理解为（　　）。

   A. for（表达式 1；1；表达式 3）

   B. for（表达式 1：1；表达式 3）

   C. for（表达式 1；表达式 1；表达式 3）

   D. for（表达式 1；表达式 3；表达式 3）

3. 以下正确的描述是（　　）。

   A. continue 语句的作用是结束整个循环的执行

   B. 只能在循环体内和 switch 语句体内使用 break 语句

   C. 在循环体内使用 break 语句或 continue 语句的作用相同

   D. 从多层循环嵌套中退出时，只能使用 goto 语句

4. C 语言中（　　）。

   A. 不能使用 do－while 语句构成的循环

   B. do—while 语句构成的循环必须用 break 语句才能退出

   C. do—whiLe 语句构成的循环，当 while 语句中的表达式值为非零时结束循环

   D. do—while 语句构成的循环，当 while 语句中的表达式值为零时结束循环

5. C 语言中 while 和 do－while 循环的主要区别是（　　）。

   A. do—while 的循环体至少无条件执行一次

   B. while 的循环控制条件比 do—while 的循环控制条件严格

   C. do—while 允许从外部转到循环体内

D. do—while 的循环体不能是复合语句

6. 下面程序段不是死循环的是（　　）。

A.
```
int I=100;
while(1)
{ I=I%100+1;
  if(I>100) break;
}
```

B.
```
for( ; ; );
```

C.
```
int k=0;
do{++k;}
    while(k>=0);
```

D.
```
int s=36;
while(s);
  --s;
```

7. 以下能正确计算 1＊2＊3＊……＊10 的程序是（　　）。

A.
```
do {i=1;s=1;
    s=s*i;
    i++;
   }while(i<=10);
```

B.
```
do{i=1;s=0;
    s=s*i;
    i++;
   }while(i<=10);
```

C.
```
i=1;s=1;
do {  s=s*i;
      i++;
   }while(i<=10);
```

D.
```
i=1;s=0;
do{ s=s*i;
      i++;
   }while(i<=10);
```

8. 下面程序的运行结果是（　　）。

```
#include <stdio.h>
void main()
{   int y=10;
    do{y--;}
    while(--y);
    printf("%d\n",y--);   }
```

A. -1　　B. 1　　C. 8　　D. 0

9. 下面程序的运行结果是（　　）。

```
#include<stdio.h>
void main()
{  int num=0;
   while(num<=2)
   {    num++;
         printf("%d ",num);
   }
}
```

A. 1　　B. 1　2　　C. 1 2 3　　D. 1 2 3 4

10. 若运行以下程序时，从键盘输入 3.6、2.4〈CR〉（〈CR〉表示回车），则下面程序的运行结果是（　　）。

```
#include<math.h>
```

```
#include<stdio.h>
void main()
{   float x,y,z;
    scanf("%f%f",&x,&y);
    z=x/y;
    while(1)
    {   if(fabs(z)>1.0)
        {    x=y;y=z;z=x/y;}
        else
            break;
    }
    printf("%f\n",y);
}
```

A. 1.500000　B. 1.600000　C. 2.000000　D. 2.400000

11. 设有程序段：

```
int k=10;
while(k=0)k=k-1;
```

则下面描述中正确的是（　　）。

A. while 循环执行 10 次　B. 循环是无限循环

C. 循环体语句以此也不执行　D. 循环体语句执行一次

12. 语句 while（！E）；中的表达式！E 等价于（　　）。

A. E==0　B. E！=1　C. E！=0　D. E==1

13. 下面程序段的运行结果是（　　）。

```
int n=0;
while(n++<=2);printf("%d",n);
```

A. 2　B. 3　C. 4　D. 有语法错

14. 以下程序段（　　）。

```
x=-1;
do{
    x=x*x;
  }
while(!x);
```

A. 是死循环　B. 循环执行两次

C. 循环执行一次　D. 有语法错误

15. 若有如下语句：

```
int x=3;
do{printf(""%d\n",x-=2);}while(!(--x));
```

则上面程序段（　　）。

A. 输出的是 1　B. 输出的是 1 和-2

C. 输出的是 3 和 0　D. 是死循环

16. 下面程序的运行结果是（　　）。

```
#include<stdio.h>
main()
{   int y=10;
    do{y--;}while(--y);
    printf("%d\n",y--);
}
```

A. −1　　B. 1　　C. 8　　D. 0

17. 若 i 为整型变量，则以下循环执行次数是（　　）。

```
for(i=2;i==0;)printf("%d",i--);
```

A. 无限次　　B. 0 次　　C. 1 次　　D. 2 次

18. 执行语句 for（i=1；i++<4；）；后，变量 i 的值是（　　）。

A. 3　　B. 4　　C. 5　　D. 不定

二、填空题

1. 若运行以下程序时，从键盘输入 2473↙，则下面程序的运行结果是 ________。

```
#include<stdio.h>
void main()
{
   int c;
   while((c=getchar())! ='\n')
   switch(c-'2')
   {   case 0:
       case1: putchar(c+4); case2:putchar(c+4);break
       case3:putchar(c+3);
       default: putchar(c+2);break;
   }
   printf("\n");
}
```

2. 下面程序的运行结果是 ________。

```
#include<stdio.h>
void main()
{
    int i,b,k=0;
    for(i=1;i<=5;i++)
    {   b=i%2;
      while(b- ->=0) k++;
    }
    printf("%d,%d",k,b);
}
```

3. 下面程序的运行结果是 ________。

```
#include<stdio.h>
void main()
{
    int a,b;
    for(a=1,b=1;a<=100;a++)
    {  if(b>=20)  break;
       if(b%3==1)  {b+=3;continue;}
       b-=5;
    }
    printf("%d\n",a) ;
}
```

4. 下面程序的运行结果是 ________。

```
#include<stdio.h>
void main()
{
    int i,j,x=0;
    for(i=0;i<2;i++)
    {  x++;
       for(j=0;j<=3;j++)
       {  if(j%2) continue;
          x++;
       }
       x++;
     }
    printf("x=%d\n",x);
}
```

5. 下面程序的运行结果是 ________。

```
#include<stdio.h>
void main()
{  int i;
    for(i=1;i<=5;i++)
    { if(i%2)  printf("*");
       else    continue;
       printf("#");
     }
    printf("$\n");
}
```

6. 下面程序的运行结果是 ________。

```
#include<stdio.h>
```

```
void main()
{    int i,j,a=0;
     for(i=0;i<2;i++)
      {   for(j=0; j<4; j++)
            {   if(j%2==0)   break;
                a++;
            }
          a++;
      }
      printf("%d\n",a);
}
```

7. 下面程序的功能是将小写字母变成对应的大写字母后的第二个字母，其中 y 变成 A，z 变成 B，请在横线处填入正确内容。

```
#include<stdio.h>
void main()
{
      char c;
      while((c=getchar())! ='\n')
      { if(c>='a'&&c<='z')
          { ______;
            for(c>'Z'&&c<='Z'+2)
            ______;
          }
          printf("%c",c);
      }
}
```

8. 下面程序的功能是将从键盘输入的一组字符中统计出大写字母的个数 m 和小写字母的个数 n，并输入 m、n 中的较大数，请在横线处填入正确内容。

```
#include<stdio.h>
void main()
{
      int m=0,n=0;
      char c;
       while((________)! ='\n')
       { if(c>='A'&&c<='Z')   m++;
         if(c>='a'&&c<='z')   n++;
       }
       printf("%d\n",m<n? ________);
}
```

9. 下面程序的功能是把 316 表示为两个加数，并且分别能被 13 和 11 整除。请在横线处填入正确内容。

```
#include <stdio.h>
void main()
{
    int i=0,j,k;
    do{i++;k=316-13*i;}
     while(______ );
    j=k/11;
    printf("316=13*%d+11*%d",i,j);
 }
```

三、编程题

1. 有1020个西瓜，第一天卖一半多两个，以后每天卖剩下的一半多两个，问几天后可以卖完，请编程计算。

2. 求1+2！+3！+…+20！的和。

3. 登录系统输入密码，如果密码正确，则提示："密码正确，请稍等..."；如果密码错误，则提示："密码错误，请重新输入:"，依次输入，直到输入正确。请编写程序。

4. 从键盘输入10个整数，计算并输出10个数的和、平均值。请编写程序。

参考答案

一、选择题

1～5：D、A 、B、D、A

6～10：D、C、D、C、B

11～15：C、A、C、C、B

16～18：D、B、C

二、填空题

1. 66695
2. 8，−2
3. 8
4. x=8
5. *#*#*#$
6. 2
7. c−=30，c−=26
8. c=getchar()，n：m
9. k%11==0

三、程序题

```
1. #include<stdio.h>                 //含有输入输出函数的头文件
main( )                              //主函数且一个函数有且只能有一个
{
    int day,x1,x2;                   //定义变量
    day=0; x1=1020;                  //给变量赋值
    while(x1) {x2=(x1/2-2); x1=x2; day++;}  //利用循环解决"每天"的问题
                                     //一半多两个的问题
    printf("day=%d\n",day);          //输出所用的天数
}
2. #include<stdio.h>                 //头文件
main( )
{
float n,s=0,t=1;
for(n=1;n<=20;n++)
{
t*=n;
s+=t;
}
printf("1+2! +3! ... +20! =e%\n",s");
}
3. #include <stdio.h>
#include <windows.h>
int main()
{
  system("color4e");
printf("========================================\r");
  int i,pwd=123456;
  printf("\n请输入操作系统密码:\n");
  do
  {
          scanf("%d",&pwd);
          if(pwd! =123456)
                  printf("\n密码错误,请重新输入:\n");
          else
                  printf("\n密码正确,请稍等...\n");
  }while(pwd! =123456);
printf("========================================\r");
  return0;
}
```

4. void main()

```
{
    int i,a,sum=0;
    for(i=0;i<=9;i++)
        {
            scanf("%d",&a);
            sum=sum+a;
        }
        printf("sum=%d\n",sum);
}
```

第7章 数组

一、选择题

1. 若有说明：int a[10];，则对a数组元素的正确引用是（　　）。

A. a[10]　　B. a[3.5]　　C. a(5)　　D. a[10－10]

2. 以下对一维整型数组a的正确说明是（　　）。

A. int a(10);

B. int n=10, a[n];

C. int n;
scanf ("%d", &n);
int a[n];

D. #define SIZE 10
int a[SIZE];

3. 以下能对长度为10的一维数组a进行正确初始化的语句是（　　）。

A. int a[10]={0,1,2,3,4,5,6,7,8,9};

B. int a[10]={0,1,2,3,4};

C. int a[10]={0};

D. int a[ ]={1,2,3,4,5};

4. 以下说法错误的是（　　）。

A. 与变量一样，要使用数组前，必须在程序中先定义数组

B. 在定义数组并对其中各元素赋值后，就可以引用整个数组

C. 二维数组的下标从0开始

D. 二维数组还可被看作是一种特殊的一维数组，它的元素又是一个一维数组

5. 关于字符数组和字符串的说法正确的是（　　）。

A. 字符数组中的一个元素可以存放一个字符，也可以存放多个字符

B. 在C语言中，字符串和字符数组的处理方法不同

C. 字符串的有效长度总等于字符数组的长度

D. 字符串结束标志为'\0'

6. 若给出以下定义：

char x [ ]="abcdefg";

char y[ ]={'a','b','c','d','e','f','g'};

则正确的叙述为（　　）。

A. 数组 x 和数组 y 等价　　B. 数组 x 和数组 y 的长度相同

C. 数组 x 的长度大于数组 y 的长度　　D. 数组 x 的长度小于数组 y 的长度

7. 关于字符串处理函数以下说法错误的是（　　）。

A. strlen 函数——测字符串长度的函数

B. strcat 函数——转换为小写的函数

C. strcpy 函数——字符串复制函数

D. strcmp 函数——字符串比较函数

8. 以下对一维整型数组 a 的正确说明是（　　）。

A. int a(10);

B. int n=10, a[n];

C. int n;
scanf ("%d", &n);
int a[n];

D. #define SIZE 10
int a[SIZE];

9. 若有说明：int a[10];，则对 a 数组元素的正确引用是（　　）。

A. a[10]　　B. a[3.5]　　C. a(5)　　D. a[10-10]

10. 以下能对二维数组 a 进行正确初始化的语句是（　　）。

A. int a[2][]={{1,0,1},{5,2,3}};

B. int a[][3]={{1,2,3},{4,5,6}};

C. int a[2][4]={{1,2,3},{4,5},{6}};

D. int a[][3]={{1,0,1},{},{1,1}};

11. 执行下面的程序段后，变量 k 中的值为（　　）。

```
int  k=3, s [2];
s [0]=k;   k=s [1] *10;
```

A. 不定值　　B. 33　　C. 30　　D. 10

12. 以下程序的输出结果是（　　）。

```
main()
{
    int  i, a[10];
    for(i=9;i>=0;i--)  a[i]=10-i;
    printf("%d%d%d",a[2],a[5],a[8]);
}
```

A. 258　　B. 741　　C. 852　　D. 369

13. 以下程序运行后，输出结果是（　　）。

```
main()
{
    int a[10], a1[ ]={1,3,6,9,10}, a2[ ]={2,4,7,8,15},i=0,j=0,k;
    for(k=0;k<4;k++)
    if(a1[i]<a2[j])      a[k]=a1[i++];
    else                 a[k]=a2[j++];
```

```
    for(k=0;k<4;k++)    printf("%d",a[k]);
}
```

A. 1234　　B. 1324　　C. 2413　　D. 4321

14. 以下程序运行后，输出结果是（　　）。

```
main()
{
    int  i,k,a[10],p[3];
    k=5;
    for (i=0;i<10;i++)  a[i]=i;
    for (i=0;i<3;i++)   p[i]=a[i*(i+1)];
    for (i=0;i<3;i++)   k+=p[i]*2;
    printf("%d\n",k);
}
```

A. 20　　B. 21　　C. 22　　D. 23

15. 不能把字符串：Hello！赋给数组 str 的语句是（　　）。

A. char str[10]= {'H', 'e', 'l', 'l', 'o', '! '};

B. char str[10];str="Hello!";

C. char str[10];strcpy(str,"Hello!");

D. char str[10]="Hello!";

16. 若给出以下定义：

```
char x[ ]="abcdefg";
char y[ ]={'a','b','c','d','e','f','g'};
```

则正确的叙述为（　　）。

A. 数组 x 和数组 y 等价　　B. 数组 x 和数组 y 的长度相同

C. 数组 x 的长度大于数组 y 的长度　　D. 数组 x 的长度小于数组 y 的长度

17. 下面程序运行后，输出结果是（　　）。

```
main()
{
    char  ch[7]={"65ab21"};
    int  i,s=0;
    for(i=0;ch[i]>= '0'&&ch[i]<= '9';i+=2)
    s=10*s+ch[i]- '0';
    printf("%d\n",s);
}
```

A. 12ba56　　B. 6521　　C. 6　　D. 62

18. 运行下面的程序，如果从键盘上输入：ABC，则输出的结果是（　　）。

```
#include<string.h>
main()
{
    char ss[10]="12345";
```

```
        strcat(ss,"6789");
        gets(ss);printf("%s\n",ss);
    }
```
A. ABC　B. ABC9　C. 123456ABC　D. ABC456789

19. 以下程序的输出结果是（　　）。

```
    main()
    {
        char str[12]={ 's','t','r','i','n','g'};
        printf("%d\n",strlen(str));
    }
```
A. 6　B. 7　C. 11　D. 12

20. 以下关于数组的描述正确的是（　　）。

A. 数组的大小是固定的，但可以有不同的类型的数组元素

B. 数组的大小是可变的，但所有数组元素的类型必须相同

C. 数组的大小是固定的，但所有数组元素的类型必须相同

D. 数组的大小是可变的，但可以有不同的类型的数组元素

21. 在定义 int a[10]；之后，对 a 的引用正确的是（　　）。

A. a[10]　B. a[6.3]　C. a(6)　D. a[10－10]

22. 以下能正确定义数组并正确赋初值的语句是（　　）。

A. int n=5,b[n][n];　B. int a[1][2]={{1},{3}};

C. int c[2][]={{1,2},{3,4}};　D. int a[3][2]={{1,2},{3,4}}

23. 以下不能正确赋值的是（　　）。

A. char s1[10];s1="test";　B. char s2[]={'t','e','s','t'}

C. char s3[20]= "test";　D. char s4[4]={ 't','e','s','t'}

24. 下面程序段运行后输出的结果是（　　）。

```
    char s[18]= "a book! ";
    printf("%.4s",s);
```
A. a book!　B. the book!

C. a bo　D. 格式描述不正确，没有确定输出

25. 下面程序段运行后输出的结果是（　　）。

```
    char s[12]= "A book";
    printf("%d\n",strlen(s));
```
A. 12　B. 8　C. 7　D. 6

26. 在执行 int a[] [3]= {1，2，3，4，5，6}；语句后，a[1] [0] 的值是（　　）。

A. 4　B. 1　C. 2　D. 5

二、填空题

1. 数组分为：一维数组、________和多维数组。

2. 数组中的每个元素都必须具有相同的________。

3. 数组 a[10] 的下标最小为 ________，最大为 ________。

4. 定义数组时，数组长度应为 ________。

5. 引用数组元素时，下标可以是 ________、________和 ________。

6. 二维数组 int a[ ] [4]= { {0, 0, 3}, { }, {0, 10} }；的行长度应为 ________。

7. 给字符数组 c [10] 赋初值为 china 的语句为______________，或______________。

8. 有语句 char c [11]= {" I am happy" }；其中字符数组 c 的长度为________，字符串有效长度为 ________。

9. 字符串输入输出格式符为 ________。

10. 输出字符串 china 的语句为____________________或____________________。

11. 起泡法排序如下，请填写空白处，完成程序。

```
int a[10];   int i,j,t;
printf("input 10 numbers :\n");
for (i=0;i<10;i++)   scanf("%d",&a[i]);
printf("\n");
for(j=0;__________;j++)
   for(i=0;__________;i++)
       if ( __________)
       {t=a[i];a[i]=a[i+1];a[i+1]=t;}
printf("the sorted numbers :\n");
for(i=0;i<10;i++)   printf("%d ",__________);
printf("\n");
```

12. 将一个二维数组行和列的元素互换，存到另一个二维数组中，请完成以下程序：

```
#include <stdio.h>
int main()
{    int a[2][3]={{1,2,3},{4,5,6}};
     int b[3][2],i,j;
     printf("array a:\n");
     for (i=0;__________;i++)
       { for (j=0;__________;j++)
            {   printf("%5d",a[i][j]);
                __________;
            }
          printf("\n");
       }
    printf("array b:\n");
    for (i=0;i<=2;i++)
    {   for(j=0;j<=1;j++)
            printf("%5d",__________);
        printf("\n");
    }
```

```
    return 0;
}
```

13. 有一个 3×4 的矩阵，只要填写完成以下程序，即可求出其中值最大的那个元素的值，以及其所在的行号和列号。

```
int i,j,row=0,colum=0,max;
int a[3][4]={{1,2,3,4},{9,8,7,6}, {-10,10,-5,2}};
____________________;
for (i=0;i<=2;i++)
    for (j=0;j<=3;j++)
        if (____________________)
      {  max=a[i][j]; ____________________;  colum=j; }
printf("max=%d\nrow=%d\n colum=%d\n",max,row,colum);
```

14. 下面程序的运行结果是______________。

```
#define  N  5
main()
{
    int  a[N]={1,2,3,4,5},i,temp;
    for(i=0;i<N/2;i++)
    {temp=a[i];   a[i]=a[N-i-1]; a[N-i-1]=temp;}
    printf("\n");
    for(i=0;i<N;i++)   printf("%d  ", a[i]);
}
```

15. 以下程序的运行结果是 ________。

```
#include<stdio.h>
main()
{
    int  a[3][3]={1,2,3,4,5,6,7,8,9},i,s1=0,s2=1;
    for(i=0;i<=2;i++)      {s1=s1+ a[i][i];
                             s2=s2 * a[i][i];};
    printf("s1=%d,s2=%d",s1,s2);
}
```

16. 以下程序的功能是：计算两个 3×4 阶矩阵相加，并打印出结果。请填空完成程序。

```
#include<stdio.h>
main()
{
    int  a[3][4]={{3,-2,1,2},{0,1,3,-2},{3,1,0,4}};
    int  b[3][4]={{-2,3,0,-1},{1,0,-2,3},{-2,0,1,-3}};
    int  i,j,c[3][4];
    for(i=0;i<3;i++)
        for(j=0;j<4;j++)
```

```
    ________;
    for(i=0;i<3;i++)
    {   for(j=0;j<4;j++)
          printf("%d",c[i][j]);
          printf("\n");
    }
}
```

17. 以下程序段的输出结果是 ________。

```
main()
{
    char  b[]="Hello,you";
    b[5]=0;
    printf("%s\n", b );
}
```

18. 以下程序的功能是：将字符数组 a 中下标值为偶数的元素从小到大排列，其他元素不变。请填空。

```
#include <stdio.h>
#include <string.h>
main()
{
    char  a[]="clanguage",t;
    int  i, j, k;
    k=strlen(a);
    for(i=0; i<=k-2; i+=2)
        for(j=i+2; j<=k; ___(1)___ )
          if( ___(2)___ )
          { t=a[i]; a[i]=a[j]; a[j]=t; }
        puts(a);
      printf("\n");
}
```

19. 以下程序用来对从键盘上输入的两个字符串进行比较，然后输出两个字符串中第一个不相同字符的 ASCII 码之差。例如：输入的两个字符串分别为 abcdef 和 abceef，则输出为－1。请填空。

```
#include <stdio.h>
main( )
{
    char   str1[100],str2[100],c;
    int    i,s;
    printf("\n input string 1:\n");    gets(str1);
    printf("\n input string 2:\n");    gets(str2);
```

```
    i=0;
    while((strl[i]==str2[i]&&(str1[i]! =___(1)___))
        i++;
    s=___(2)___;
    printf("%d\n",s);
}
```

20. 构成数组的各个元素必须具有相同的 ________。

21. 下面的程序是输出数组中最大元素的下标（p 表示最大元素的下标）。请填空。

```
void main ()
{
    ______(1)______
    int s []= {1, -3, 0, -9, 8, 5, -20, 3};
    for (i=0, p=0; i<8; i++)
        if (s [i] >s [p] )  ______(2)______ ;
        ______(3)______
}
```

22. 输入 20 个数，输出它们的平均值，输出与平均值之差的绝对值最小的数组元素。请填空。

```
#include <stdio.h>
______(1)______
void main ()
{
    float a[20], pjz=0, s, t;
    int i, k;
    for (i=0; i<20; i++)
    {
        scanf ( "%f", &a[i] );
        pjz+=______(2)______ ;
    }
    s=fabs (a[0]-pjz);
    t=a[0];
    for (i=1; i<20; i++)
        if ( fabs (a[i]-pjz) <s  )
        {    ______(3)______
             t=a[i];
        }
        ______(4)______
}
```

23. 输出行、列号之和为 3 的数组元素。请填空。

```
main()
```

```
{   char ss[4][3]={'A','a','f','c','B','d','e','b',
                        'C','g','f','D'};
    int x,y,z;
    for (x=0;____(1)____;x++)
      for (y=0;____(2)____;y++)
        {   z=x+y;
            if (____(3)____)   printf("%c\n",ss[x][y]);
        }
}
```

24. 将一个数组中的元素按逆序重新存放。例如原来的顺序为：8，5，7，4，1，要求改为：1，4，7，5，8。请填空。

```
#define  N  7
void   main()
{   int a[N]={12,9,16,5,7,2,1},k,s;
    printf("\n 初始数组:\n");
    for (k=0;k<N;k++)
        printf("%4d",a[k]);
    for (k=0;k<____(1)____;k++)
    {   s=a[k]; a[k]= ____(2)____ ; ____(3)____ =s; }
    printf("\n 交换后的数组:\n");
    for (k=0;____(4)____;k++)
        printf("%4d",a[k]);
}
```

25. 有一行文字，要求删去某一个字符。此行文字和要删去的字符均由键盘输入，要删去的字符以字符形式输入（如输入 a 表示要删去所有的 a 字符）。请填空。

```
#include <stdio.h>
void main()
{   /* str1 表示原来的一行文字,str2 表示删除指定字符后的文字 */
    char str1[100],str2[100];
    char ch;
    int i=0,k=0;
    printf("please input an sentence:\n");
    gets(str1);
    scanf("%c",&ch);
    for (i=0;____(1)____;i++)
        if (str1[i]! =ch)
        {  str2[____(2)____]=str1[i]; k++; }
    str2[____(3)____]='\0';
        printf("\n%s\n",str2);
}
```

26. 找出 10 个字符串中的最大者。请填空。

```
#include <stdio.h>
#include <string.h>
#define N 10
void main()
{   char str[20],s[N][20];
    int i;
    for (i=0;i<N;i++)
        gets( ____(1)____ );
    strcpy(str,s[0]);
    for(i=1;i<N;i++)
        if ( ____(2)____ >0)strcpy(str,s[i]);
    printf("The longest string is : \n%s\n",str);
}
```

27. 某人有四张 3 分的邮票和三张 5 分的邮票，用这些邮票中的一张或若干张可以得到多少种不同的邮资？请填空完成程序。

```
main()
{   static int a[27];
    int i,j,k,s,n=0;
    for (i=0;i<=4;i++)
      for (j=0;j<=3;j++)
        { s=____(1)____;
          for (k=0;a[k];k++)
             if (s==a[k])____(2)____;
          if (____(3)____)
             {  a[k]=s;   n++;}
        }
    printf("%d kind:",n);
    for (k=0;____(4)____;k++)
        printf("%3d",a[k]);
}
```

28. 求矩阵的马鞍点。马鞍点即它的值在行中最大，在它所在的列中最小。请填空完成下列程序。

```
#define N 10
#define M 10
main()
{   int i,j,k,m,n,flag1,flag2;
    int a[N][M],max;
    printf("\n 输入行数 n:");
    scanf("%d",&n);
```

```
    printf("\n输入列数 m:");
    scanf("%d",&m);
    for (i=0;i<n;i++)
       for (j=0;j<m;j++)
         scanf("%d", ____(1)____ );
    for (i=0;i<n;i++)
    {   for (j=0;j<m;j++)
          printf("%5d",a[i][j]);
      ____(2)____ ;
    }
    flag2=0;
    for (i=0;i<n;i++)
    {   max= ____(3)____ ;
       for (j=1;j<m;j++)
           if (a[i][j]>max)   max=a[i][j];
       for (j=0;j<m;j++)
       {   flag1=0;
           if (a[i][j]==max)
           {   for (k=0,flag1=1;k<n&&flag1;k++)
                   if ( ____(4)____ )flag1=0;
               if (flag1)
                { printf("第%d 行,第%d 列的 %d 是鞍点\n", ____(5)____ );
                  flag2=1;
                }
           }
       }
    }
    if (! flag2)
       printf("\n矩阵中无鞍点! \n");
}
```

29. 阅读下面程序并写出结果。

```
#include <stdio.h>
void main()
{
    int a[8]={1,0,1,0,1,0,1,0},i;
    for(i=2;i<8;i++)
         a[i]+= a[i-1] + a[i-2];
    for(i=0;i<8;i++)
         printf("%5d",a[i]);
}
```

30. 阅读下面程序并写出结果。

```
#include <stdio.h>
void main()
{
    float b[6]={1.1,2.2,3.3,4.4,5.5,6.6},t;
    int i;
    t=b[0];
    for(i=0;i<5;i++)
        b[i]=b[i+1];
        b[5]=t;
        for(i=0;i<6;i++)
            printf("%6.2f",b[i]);
}
```

31. 阅读下面程序并写出结果。

```
#include <stdio.h>
void main()
{    int p[7]={11,13,14,15,16,17,18},i=0,k=0;
     while(i<7 && p[i]%2)
        { k=k+p[i]; i++;}
        printf("k=%d\n",k);
}
```

32. 阅读下面程序并写出结果。

```
void main()
{    int a[3][3]={1,3,5,7,9,11,13,15,17};
     int sum=0,i,j;
        for (i=0;i<3;i++)
          for (j=0;j<3;j++)
          {  a[i][j]=i+j;
             if (i==j)
                sum=sum+a[i][j];
           }
        printf("sum=%d",sum);
}
```

33. 阅读下面程序并写出结果。

```
void  main()
{   int a[4][4],i,j,k;
   for (i=0;i<4;i++)
      for (j=0;j<4;j++)
         a[i][j]=i-j;
    for (i=0;i<4;i++)
```

```
    {   for (j=0;j<=i;j++)
            printf("%4d",a[i][j]);
            printf("\n");
    }
}
```

34. 阅读下面程序并写出结果。

```
#include <stdio.h>
main()
{     int i,s;
      char s1[100],s2[100];
      printf("input string1:\n");   gets(s1);
      printf("input string2:\n");   gets(s2);
      i=0;
      while ((s1[i]==s2[i])&&(s1[i]! ='\0'))
          i++;
      if ((s1[i]=='\0')&&(s2[i]=='\0'))s=0;
      else s=s1[i]-s2[i];
      printf("%d\n",s);
}
```

输入数据:aid

and

35. 阅读下面程序并写出结果。

```
void main()
{
      char ch[3][5]={ "AAAA","BBB","CC"};
      printf("\"%s\"\n",ch[1]);
}
```

36. 阅读下面程序并写出结果。

```
#inlcude <stdio.h>
#include <string.h>
void main()
{
     char str[10][80],c[80];
     int i;
     for(i=0;i<10;i++)
         gets(str[i]);
     strcpy(c,str[0]);
     for(i=1;i<10;i++)
         if(strlen(c)<strlen(str[i]))
             strcpy(c,str[i]);
```

```
    puts(c);
}
```

三、编程题

1. 用键盘对10个数组元素依次赋值，并按数组元素的逆序输出。
2. 用字符串输入函数为字符数组a赋值，字符数组b为a接上china，输出a和b的值。
3. 求二维数组(3行3列)的对角线元素的和。

10	12	13
14	15	16
17	18	19

4. 将一个数组逆序输出，如9，6，5，4，1，输出结果为1，4，5，6，9。

提示：用第一个与最后一个交换。

5. 打印以下图案：

```
*    *    *    *    *
  *    *    *    *    *
    *    *    *    *    *
      *    *    *    *    *
        *    *    *    *    *
```

6. 从键盘输入若干个整数，其值在0～4范围内，用-1作为输入结束的标志，并且统计每个整数的个数。

参考答案

一、选择题

1～5：D、D、D、B、D
6～10：C、B、D、D、B
11～15：A、C、A、B、B
16～20：C、C、A、A、C
21～25：D、D、A、C、D
26：A

二、填空题

1. 二维数组
2. 数据类型

3. 0　9

4. 常量表达式

5. 常量、变量、表达式

6. 3

7. char c[10]={'c','h','i','n','a'};

char c[10]="china";

8. 11　　10

9. %s

10. printf("%s","china");

puts("china");

11.
```
for(j=0; j<9;j++)
for(i=0;i<9-j;i++)
  if (a[i]>a[i+1])
    {t=a[i];a[i]=a[i+1];a[i+1]=t;}
printf("the sorted numbers :\n");
for(i=0;i<10;i++)  printf("%d ",a[i]);
```

12.
```
#include <stdio.h>
int main()
{   int a[2][3]={{1,2,3},{4,5,6}};
    int b[3][2],i,j;
    printf("array a:\n");
    for (i=0;i<=1;i++)
    { for (j=0;j<=2;j++)
      {   printf("%5d",a[i][j]);
          b[j][i]=a[i][j];
      }
     printf("\n");
    }
    printf("array b:\n");
    for (i=0;i<=2;i++)
   {   for(j=0;j<=1;j++)
          printf("%5d",b[i][j]);
        printf("\n");
   }
   return 0;
}
```

13.
```
int i,j,row=0,colum=0,max;
int a[3][4]={{1,2,3,4},{9,8,7,6}, {-10,10,-5,2}};
max=a[0][0];
  for (i=0;i<=2;i++)
```

```
    for (j=0;j<=3;j++)
      if (a[i][j]>max)
      {   max=a[i][j];  row=i;   colum=j; }
  printf("max=%d\nrow=%d\n colum=%d\n",max,row,colum);
```

14. 5　4　3　2　1

15. s1=15，s2=45

16. c [i] [j]=a[i] [j] +b [i] [j]

【解析】使用两个二维数组 a 和 b，存放两个 3×4 阶矩阵的元素值，然后用两重 for 循环进行相加求值产生二维数组 c，最后显示 c 的各元素值。

17. Hello

18. (1) j+=2

(2) a[i]>a[j]

【解析】外层 for 循环控制 i 步长为 2，内层 for 循环控制 j 步长为 2. 当 i=0 时，j=2，a[0] >a[2]，交换 c 和 a；j=4，a[0]<a[4] 不交换字符；j=6，a[0]=a[6]，不交换字符；j=8，a[0]<a[8] 不交换字符；当 i=2 时，j=4，a[2]<a[4]，不交换字符；j=6，a[2] >a[6]，交换 a 和 c 字符；j=8，a[2]<a[8] ，不交换字符；当 i=4 时，j=6，a[4] >a[6]，交换 c 和 g 字符；j=8，a[4]<a[8] ，不交换字符；当 i=6 时，j=8，a[6] >a[8]，交换 e 和 g 字符；输出" alancuegg"。

19. (1)'\0'或 0

(2) strl [i]-str2 [i]

20. 类型

21. (1) int　i，p

(2) p=i

(3) printf ("%d \ n", p);

22. (1) #include "math. h"

(2) a[i]/20

(3) s=fabs (a[i]-pjz);

(4) printf ("%f,%f \ n", pjz, t);

23. (1) x<4

(2) y<3

(3) z==3

24. (1) N/2

(2) a[N-1-k]

(3) a[N-1-k]

(4) k<N

25. (1) str [i]! =' \ 0'

(2) k

(3) k

26. (1) s [i]

(2) s [i], str

27. （1） i * 3+j * 5

（2） break

（3） s！ =a[k]

（4） k<n

28. （1） &a[i] [j]

（2） printf （ "\ n" ）

（3） a[i] [0]

（4） a[k] [j]<max

（5） i，j，a[i] [j]

29. 1　0　2　2　5　7　13　20

30. 2.20　3.30　4.40　5.50　6.60　1.10

31. k=24

32. sum=6

33. 0

1　0

2　1　0

3　2　1　0

34. −5

35. "BBB"

36. 没有输入数据

三、编程题

1.
```
#include <stdio.h>
int main()
{   int i,a[10];
    for (i=0; i<=9;i++)
      scanf("%d",&a[i]);
    for(i=9;i>=0;i--)
      printf("%d ",a[i]);
    printf("\n");
    return 0;
}
```

2.
```
#include <stdio.h>
int main()
    {   char a20],b[30];
        gets(a);
        b=strcat(a,"china");
        printf("a=%s,b=%s\n",a,b);
        return 0;
    }
```

3. ＃include〈stdio. h〉

```
main()
{
    int a[3][3]={{10,12,13},{14,15,16},{17,18,19}},sum=0;
    for(int i=0;i<3;i++)
    {
        for(int j=0;j<3;j++)
        {
            if(i==j)
            {
                sum=sum+a[i][j];
            }
        }
    }
    printf("%d",sum);
}
```

4. ＃include〈stdio. h〉

```
#define N 5
int main()
{
    int a[N]={9,6,5,4,1},i,temp;
    printf("\n original array:\n");
    for(i=0;i<N;i++)
        printf("%4d",a[i]);
    for(i=0;i<N/2;i++)
    {
        temp=a[i];
        a[i]=a[N-i-1];
        a[N-i-1]=temp;
    }
    printf("\n sorted array:\n");
    for(i=0;i<N;i++)
        printf("%4d",a[i]);
    printf("\n");
    return 1;
}
```

5. ＃include 〈stdio. h〉

```
#define N 5
int main()
{
```

```
    int i,j;
    for(i=0;i<N;i++)
    {
        for(j=0;j<i;j++)
        printf("  ");
        for(j=0;j<N;j++)
        printf("* ");
        printf("\n");
    }
    return 1;
}
```

6.
```
#include <stdio.h>
int main()
{
    int i,s[5]={0},x;
    printf("Input some numbers(between 0 to 4):");
    scanf("%d",&x);
    while(x! =-1)
    {
        if (x>=0&&x<=4)
        s[x]++;
        scanf("%d",&x);
    }
    for(i=0;i<=4;i++)
        printf("%d: %d\n",i,s[i]);
    return 1;
}
```

第8章 函数

一、选择题

1. 以下说法正确的是（　　）。

   A. 函数不能嵌套定义，也不能嵌套调用

   B. C程序的执行是从主函数开始的

   C. 同一个函数只能被调用一次

   D. 函数之间可以相互调用，包括主函数

2. 以下说法错误的是（　　）。

   A. 无参函数可以带回函数值

   B. 无参函数可以不带回函数值

   C. 有参函数需要带回一个函数值

   D. 有参函数需要带回多个函数值

3. 以下函数值的类型应是（　　）。

```
fun(float x)
{    float y;
     y=3 * x-4;
     return y;
}
```

   A. int　　B. void　　C. float　　D. 不确定

4. 函数调用不能出现在以下哪种情况（　　）。

   A. 函数调用作为声明语句

   B. 函数调用单独作为一个语句

   C. 函数调用出现在另一个表达式中

   D. 函数调用作为另一函数调用时的实参

5. 有以下函数定义：

```
void fun(int n,double x)  {……}
```

若以下选项中的变量都已经正确定义且赋值，则对函数 fun 的正确调用语句是（　　）。

A. fun (int y, double m)；　　　　B. k=fun (10, 12.5)；

C. fun (x, n)；　　　　D. void fun (n, x)；

6. 关于数组与函数描述错误的是（　　）。

A. 数组元素可以作函数实参，不能作形参

B. 数组元素作实参是“值传递”

C. 数组名可以作函数实参，不能作形参

D. 数组名作实参时，传递的是数组首元素的地址

7. 以下变量作用的有效范围最长的是（　　）。

```
int p=1;
float f1 (int a)
{  int b, c;     ……  }
char c1;
char f2 (int x, int y)
{  int i;     ……  }
int main ( )
{  int m, n;
   ……
   return 0;
}
```

A. p　　　B. b 和 c　　　C. i　　　D. m 和 n

8. 希望函数中的局部变量在函数调用结束后不消失而继续保留原值,应该定义该变量的存储类别为(　　)。

A. auto　　　B. static　　　C. extern　　　D. register

9. 以下关于 return 语句的叙述中正确的是(　　)。

A. 一个自定义函数中必须有一条 return 语句

B. 一个自定义函数中可以根据不同情况设置多条 return 语句

C. 定义成 void 类型的函数中可以有带返回值的 return 语句

D. 没有 return 语句的自定义函数在执行结束时不能返回到调用处

10. 在 C 语句中,函数的隐含存储类型是(　　)。

A. auto　　　B. static　　　C. extern　　　D. 无存储类别

11. 在 C 语句中,形参的默认存储类型是(　　)。

A. auto　　　B. register　　　C. static　　　D. extern

12. 在 C 语句中,函数的隐含存储类型是(　　)。

A. auto　　　B. static　　　C. extern　　　D. 无存储类别

13. 有以下程序：

```
#include<stdio.h>
double f(double x);
main()
```

```
{
    double a=0; int i;
    for(i=0; i<30; i+=10)
      a+=f((double)i)
    printf("%5.0f\n",a);

}
double f(double x)
{
    return x * x+1;
}
```

程序运行后的输出结果是（　　）。

A. 503　　B. 401　　C. 500　　D. 1404

14. 有以下程序：

```
#include<stdio.h>
#define N 4
void fun(int a[][N], int b[])
{   int i;
    for(i=0; i<N; i++)
    b[i]=a[i][i]-a[i][N-1-i];
}
main()
{  int x[N][N]={{1,2,3,4},{5,6,7,8},{9,10,11,12},{13,14,15,16}},y[N], i;
   fun(x,y);
   for(i=0; i<N; i++)
   printf("%d,",y[i]);
   printf("\n");
}
```

程序运行后的输出结果是（　　）。

A. －12，－3，0，0　　B. －3，－1，1，3

C. 0，1，2，3　　D. －3，－3，－3，－3

15. 有以下程序：

```
#include<stdio.h>
int f(int m)
{   static int n=0;
    n+=m;
    return n;
}
main()
{   int n=0;
```

```
    printf("%d,",f(++n));
    printf("%d\n",f(n++));
}
```

程序运行后的输出结果是（　　）。

A. 1，2　　B. 1，1　　C. 2，3　　D. 3，3

16. 以下选项中叙述错误的是（　　）。

A. C程序函数中定义的赋有初值的静态变量，每调用一次函数，赋值一次初值

B. 在C程序的同一函数中，各复合语句内可以定义变量，其作用域仅限于本复合语句内

C. C程序函数中定义的自动变量，系统不自动赋值确定的初值

D. C程序函数的形参不可以说明为static型变量

17. 设有如下函数定义：

```
int fun(int k)
{   if(k<1)  return 0;
    else if(k==1)  return 1;
    else return fun(k-1)+1;
}
```

若执行调用语句：n=fun (3);，则函数fun总共被调用的次数是（　　）。

A. 2　　B. 3　　C. 4　　D. 5

18. 有以下程序：

```
#include<stdio.h>
int fun(int x, int y)
{   if(x! =y)  return((x+y)/2);
    else return(x);
}
main()
{   int a=4,b=5,c=6;
    printf("%d\n",fun(2*a,fun(b,c)));
}
```

程序运行后的输出结果是（　　）。

A. 3　　B. 6　　C. 8　　D. 12

19. 有以下程序：

```
#include<stdio.h>
int fun()
{   static int x=1;
    x*=2;
return x;
}
main()
{   int i, s=1;
```

```
    for(i=1; i<=3; i++)  s*=fun();
    printf("%d\n",s);
}
```

程序运行后的输出结果是（　　）。

A. 0　　B. 10　　C. 30　　D. 64

20. 有以下程序：

```
#include<stdio.h>
int f(int x);
main()
{   int n=1;m;
    m=f(f(f(n)));  printf("%d\n",m);
}
int f(int x)
{   return x*2;  }
```

程序运行后的输出结果是（　　）。

A. 1　　B. 2　　C. 4　　D. 8

21. 以下关于 return 语句的叙述中正确的是（　　）。

A. 一个自定义函数中必须有一条 return 语句

B. 一个自定义函数中可以根据不同情况设置多条 return 语句

C. 定义成 void 类型的函数中可以有带返回值的 return 语句

D. 没有 return 语句的自定义函数在执行结束时不能返回到调用处

22. 以下叙述正确的是（　　）。

A. C 语言程序是由过程和函数组成的

B. C 语言函数可以嵌套调用，例如 fun（fun（x））

C. C 语言函数不可以单独编译

D. C 语言中除了 main 函数，其他函数不可以作为单独文件形式存在

23. 以下叙述中错误的是（　　）。

A. 用户定义的函数中可以没有 return 语句

B. 用户定义的函数中可以有多个 return 语句，以便可以调用一次返回多个函数值

C. 用户定义的函数中若没有 retirn 语句，则应当定义函数为 void 类型

D. 函数的 return 语句中可以没有表达式

24. 下面的函数调用语句中 func 函数的实参个数是（　　）。

```
f(f2( v1,v2),(v3,v4,v5),(v6,max(v7,v8)))
```

A. 3　　B. 4　　C. 5　　D. 8

25. 在 C 语言中，当函数调用时（　　）。

A. 实参和形参各占一个独立的存储单元

B. 实参和形参共用存储单元

C. 可以由用户指定实参和形参是否共用存储单元

D. 由系统自动确定实参和形参是否共用存储单元

26. 以下函数调用语句中实参的个数为（　　）。

exce((v1,v2),(v3,v4,v5),v6);

A. 3　　B. 4　　C. 5　　D. 6

27. 如果在一个函数的复合语句中定义了一个变量，则该变量（　　）。

A. 只在该符合语句中有效，在该符合语句外无效

B. 在该函数中任何位置都有效

C. 在本程序的原文件范围内均有效

D. 此定义方法错误，其变量为非法变量

28. C 语言允许函数值类型缺省定义，此时该函数值隐含的类型是（　　）。

A. float 型　　B. int 型　　C. long 型　　D. double 型

29. C 语言规定，函数返回值的类型是由（　　）。

A. return 语句中的表达式类型所决定

B. 调用该函数时的主调函数类型所决定

C. 调用该函数时系统临时决定

D. 在定义该函数时所指定的函数类型决定

30. 在 C 语言程序中，以下描述正确的是（　　）。

A. 函数的定义可以嵌套，但函数的调用不可以嵌套

B. 函数的定义不可以嵌套，但函数的调用可以嵌套

C. 函数的定义和函数的调用均不可以嵌套

D. 函数的定义和函数的调用均可以嵌套

31. 以下叙述中正确的是（　　）。

A. 全局变量的作用域一定比局部变量的作用域范围大

B. 静态 statiC. 类别变量的生存期贯穿于整个程序的运行期间

C. 函数的形参都属于全局变量

D. 未在定义语句中赋初值的 auto 变量和 static 变量的初值都是随机值

32. 以下程序的运行结果是（　　）。

```
#include〈stdio _ h〉
void sub (int s [], int y)
{   static int t=3;
    y=s [t]; t--;
}
main ()
{   int a[]= {1, 2, 3, 4}, i, x=0;
   for (i=0; i<4; i++) {
   sub (a, x); printf ("%d", x);}
   printf (" \n" );
}
```

A. 1234　　B. 4321　　C. 0000　　D. 4444

33. 以下程序的运行结果是（　　）。

```
main ()
```

```
{  int w=5; fun (w); printf ("  \n" );}
fun (int k)
{  if (k>0) fun (k-1);
   printf (" %d", k);
}
```

A. 5 4 3 2 1　　B. 0 1 2 3 4 5　　C. 1 2 3 4 5　　D. 5 4 3 2 1 0

34. 以下所列的各函数首部中，正确的是（　　）。

A. void play (vat a: Integer, var b: Integer)

B. void play (int a, B)

C. void play (int a, int B)

D. Sub play (a as integer, b as integer)

35. 当调用函数时，实参是一个数组名，则向函数传送的是（　　）。

A. 数组的长度　　B. 数组的首地址

C. 数组每一个元素的地址　　D. 数组每个元素中的值

36. 在调用函数时，如果实参是简单变量，它与对应形参之间的数据传递方式是（　　）。

A. 地址传递　　B. 单向值传递

C. 由实参传给形，再由形参传回实参　　D. 传递方式由用户指定

37. 以下函数值的类型是（　　）。

```
fun (float x)
{  float y;
   y=3*x-4;
   return y;
}
```

A. Int　　B. 不确定　　C. void　　D. float

二、填空题

1. 从函数的形式看，函数分：无参函数和 ________。

2. C 程序的执行是从 ________开始的。

3. 若函数无需返回值，则应指定函数类型为 ________。

4. 在调用函数过程中，系统会把______值传递给被调用函数的 ________。

5. 在函数内部或复合语句内部定义的变量称为 ________变量。

6. 从变量值存在的时间（即生存期）观察，变量的存储有两种不同的方式：________存储方式和 ________存储方式。

7. 存储类别的关键字为：自动的 ________、静态的 ________、寄存器的 ________、外部的 ________。

8. 在 C 语句中，形参的默认存储类型是 ________。

9. 判断输出结果：________。

```
#include <stdio.h>
int main()
```

```
{   int f(int);
    int a=2,i;
    for(i=0;i<3;i++)
       printf("%d  ",f(a));
    return 0;
}
int f(int a)
{   auto  int b=0;
    static int c=3;
    b=b+1;
    c=c+1;
    return(a+b+c);
}
```

10. 用选择法对数组中10个整数按由小到大排序

```
#include <stdio.h>
int main()
{   void sort(int array[],int n);
    int a[10],i;
    printf("enter array:\n");
    for(i=0;i<10;i++)   scanf("%d",&a[i]);
    sort(a,10);
    printf("The sorted array:\n");
    for(i=0;i<10;i++)    printf("%d ",________);
    printf("\n");
    return 0;
}
void sort(int array[],int n)
{   int i,j,k,t;
    for(i=0;__________;i++)
    {   k=i;
       for(________;j<n;j++)
          if(______________)     k=j;
       t=array[k];
       ______________________;
       array[i]=t;
    }
}
```

11. 以下程序运行后输出结果是 ________。

```
#include<stdio.h>
void fun(int x)
```

```
{    if(x/5>0)
       printf("%d",x);
       return x/2;
}
main()
{    int a=11,b;
     b=fun(a);  printf("%d\n",a);
}
```

12. 已知 a 所指的数组中有 N 个元素。函数 fun 的功能是，将下表 k（k>0）开始的后续元素全部向前移动一个位置。请填空。

```
void fun(int a[N], int k)
{    int i;
       for(i=k; i<N; i++)   a[____]=a[i];
}
```

13. 有以下程序：

```
#include<stdio.h>
int a=5;
void fun(int b)
{    int a=10;
       a+=b;  printf("%d",a);
}
void main()
{    int c=20;
       fun(c);  a+=c;
       printf("%d\n",a);
}
```

程序运行后的输出结果是 ________。

14. 有以下程序：

```
#include<stdio.h>
fun(int x)
{    if(x/2>0)x=x/2;
       printf("%d",x);
}
void main()
{    fun(6);printf("\n");    }
```

程序运行后的输出结果是 ________。

15. 以下程序的功能是：通过函数 func 输入字符并统计并输入字符的个数。输入时用字符@作为输入结束标志。请填空。

```
#include<stdio.h>
long ________;    /* 函数说明语句 */
```

```
main()
{    long n;
     n=func();   printf("n=%ld\n",n);
}
long func()
{    long m;
     for(m=0; getchar()! ='@'; ______ );
     return m;
}
```

16. 以下程序的输出结果是 ________。

```
#include<stdio.h>
int fun(int x)
{    static int t=0;
     return(t+=x);
}
main()
{    int s, i;
     for(i=1; i<=5; i++)   s=fun(i);
     printf("%d\n",s);
}
```

17. 有以下程序：

```
#include<stdio.h>
void fun(int p)
{    int d=2;
     p=d++;   printf("%d",p);
}
void main()
{    int a=1;
     fun(a);
     printf("%d\n",a);
}
```

程序运行后的输出结果是 ________。

18. 有以下程序：

```
#include<stdio.h>
void main()
{    int a=3,s;
     s=f(a);   s=s+f(a);
     printf("%d\n",s);
}
int f(int n)
```

```
{    static int a=1;
     n+=a++;
     return n;
}
```

程序运行后的输出结果是 ________。

19. 有以下程序：

```
#include<stdio.h>
int f(int x, int y)
{    return ((y-x) * x);
}
main()
{    int a=3, b=4, c=5, d;
     d=f(f(a,b),f(a,c));
     printf("%d\n",d);
}
```

程序运行后的输出结果是 ________。

20. 有以下程序：

```
#include<stdio.h>
int fun(int x, int y)
{    if(x==y)return(x);
     else return((x+y)/2);
}
main()
{    int a=4,b=5,c=6;
     printf("%d\n",fun(2 * a,b+c));
}
```

程序运行后的输出结果是 ________。

21. 阅读程序写出输出结果。

```
fun1(int a,int b)
{    int c;
     a+=a; b+=b; c=fun2(a,b);
     return  c * c;
}
fun2(int a,int b)
{    int c;
     c=a * b%3;
     return  c;
}
main()
{    int x=11,y=19;
```

```
    printf("The final result is:%d\n",fun1(x,y));
}
```

22. 阅读程序写出输出结果。

```
int x;
main()
{   x=5;
    cude();
    printf("%d\n",x);
}
cude()
{ x=x*x*x; }
```

23. 阅读程序写出输出结果。

```
#include <stdio.h>
long fun(int n)
{   long s;
    if(n==1||n==2)
        s=2;
    else
        s=n+fun(n-1);
    return s;
}
main()
{   printf("%ld\n",fun(4));
}
```

24. 阅读程序写出输出结果。

```
main()
{   int i;
    for(i=0;i<2;i++)
      add();
}
add()
{   int x=0;
    static int y=0;
    printf("%d,%d\n",x,y);
    x++; y=y+2;
}
```

25. 阅读程序写出输出结果。

```
main()
{   int k=4,m=1,p;
    p=func(k,m); printf("%d, ",p);
```

```
    p=func(k,m); printf("%d\n",p);
}
func(int a,int b)
{   static int m=0,i=2;
     i+=m+1; m=i+a+b;
     return  m;
}
```

26. 阅读程序写出输出结果。

```
int t(int x,int y,int cp,int dp)
{   cp=x*x+y*y;
    dp=x*x-y*y;
}
main()
{   int a=4,b=3,c=5,d=6;
    t(a,b,c,d);
    printf("%d%d\n",c,d);
}
```

27. 阅读程序写出输出结果。

```
fun(int x,int y,int z)
{  z=x*x+y*y;}
main()
{   int a=31;
    fun(5,2, a);
    printf("%d",a);
}
```

28. 阅读程序写出输出结果。

```
int a,b;
void fun()
{   a=100;b=200; }
main()
{   int a=5,b=7;
    fun();
    printf("%d%d\n",a,b);
}
```

29. 阅读程序写出输出结果。

```
int x=3;
main()
{   int i;
    for(i=1;i<x;i++)incre();
 }
```

```
incre()
{   static int x=1;
    x*=x+1;
    printf("%d",x);
 }
```

30. 阅读程序写出输出结果。

```
int func(int a,int b)
{   return(a+b); }
main()
{   int x=2,y=5,z=8,r;
    r=func(func(x,y),z);
    printf("%d\n",r);
}
```

31. 阅读程序写出输出结果。

```
long fib(int n)
{   if(n>2)return(fib(n-1)+fib(n-2));
    else return(2);
}
main()
{   printf("%ld\n",fib(3));   }
```

三、编程题

1. 用函数 add 求两数之和，在主函数中输入两数并输出和。
2. 用函数 max 求两数的最大值，在主函数中输入两数并输出最大值。
3. 计算 s=1−3+5−7+……101 的值。要求使用循环和函数实现。
4. 写一个函数，输入一个 5 位数，要求输出这个 5 个数字字符，但每两个数字之间空一个空格。例如：输入 11185，输出 1 1 1 8 5。

参考答案

一、选择题

1～5：B、D、C、A、D

6～10：C、A、B、B、C

11～15：A、C、A、B、A

16～20：A、B、B、D、D

21～25：B、B、B、A、A

26～30：A、A、B、D、B

31～35：B、C、B、C、B

36～37：B、A

部分参考答案及解析。

11. 参考答案：A

【解析】在C语句中，形参的默认存储类型是auto。

12. 参考答案：C

【解析】在C语句中，函数的隐含存储类型是extern。

13. 参考答案：A

【解析】for循环共循环3次：

```
i=0
  a=a+f(0.0)=0+(0*0+1)=1
i=10
  a=a+f(10.0)=1+(10*10+1)=102
i=20
  a=a+f(20.0)=102+(20*20+1)=503
```

循环结束，输出结果为503。

14. 参考答案：B

【解析】本题主要语句简化为：

```
a[4][4]= {{1,2,3,4},{5,6,7,8},{9,10,11,12},{13,14,15,16}}
for(i=0; i<4; i++)  b[i]=a[i][i]-a[i][3-i];
循环4次：
i=0  b[0]=a[0][0]-a[0][3]=1-4=-3
i=1  b[1]=a[1][1]-a[1][2]=6-7=-1
i=2  b[2]=a[2][2]-a[2][1]=11-10=1
i=3  b[3]=a[3][3]-a[3][0]=16-13=3
```

附加解析：

fun（x，y）为数组名作为函数参数，数组名即数组首地址。把实参数组x、y的首地址传递给形参数组a、b后，则x与a占用相同内存单元，y与b占用相同内存单元。

15. 参考答案：A

【解析】函数f中的n为静态局部变量，占用固定的内存单元，下次调用仍可保留上次调用时的值。如果多次调用f函数，n的定义只在第一次调用时有效，从第二次调用开始，n的定义相当于不存在，直接使用上次n的值。

++n：n先加1，在使用n的值。

n++：先使用n的值，n再加1。

主函数执行流程：

n=0　f（++n）=f（1）

函数f：m=1，n=0，n=n+m=1，返回1输出。

n=1　f（n++）=f（1）

函数f：m=1，n保持上次值1，n=n+m=2，返回2并输出。

主函数和f函数中的n均为局部变量，互不影响。

16. 参考答案：A

【解析】A 选项错误：函数内的静态变量，只在第 1 次调用赋值，以后调用保留上次值。

B 选项正确：变量定义除在函数开始位置外，在复合语句开始也可。

C 选项正确：自动变量未赋初值，为随机值。

D 选项正确：形参属于局部变量，占用动态存储区。

17. 参考答案：B

【解析】n ＝fun（3）　　　　第 1 次

＝fun（2）＋1　　　　第 2 次

＝fun（1）＋1＋1　　　第 3 次

＝1＋1＋1＝3

递归调用过程中，fun 函数被调用 3 次。

18. 参考答案：B

【解析】fun(2＊a，fun(b,c))＝fun(8，fun(5,6))＝fun(8,5)＝6。

其中：fun(5,6)＝(5＋6)/2＝11/2＝5 两个整数相除，商也取整数。

19. 参考答案：D

【解析】fun 函数中的 x 为静态局部变量，占用固定的内存单元，下次调用仍可保留上次调用时的值。也就是说，如果多次调用 fun 函数，x 的定义只在第一次调用时有效，从第二次调用开始，x 的定义相当于不存在，直接使用上次 x 的值。

主程序中 fun 被调用三次：

i＝1　s＝s＊fun（）＝1＊2＝2　（x＝1＊2＝2）

i＝2　s＝s＊fun（）＝2＊4＝8　（x＝2＊2＝4）

i＝3　s＝s＊fun（）＝8＊8＝64　（x＝4＊2＝8）

20. 参考答案：D

【解析】根据函数 f（int x）的定义可以知道，函数 f 每执行一次变量 x 的值乘以 2，所以在主函数中，函数 f 共嵌套执行了 3 次，所以对变量 n 的值连续 3 次乘以 2，所以 m 的值等于 8。

21. 参考答案：B

【解析】return 语句主要用于返回函数的值。在一个自定义函数中，可以根据不同的情况设置多条 return 语句返回函数的值。

22. 参考答案：B

【解析】在 C 语言中，允许函数的嵌套调用，即递归调用。在 C 语言中不存在过程的概念，所以选项 A 是错误的，在 C 语言中函数允许单独编译，可以作为单独的文件形式存在，因而选项 C 和 D 是错误的。

23. 参考答案：B

【解析】函数值通过 return 语句返回，return 语句的形式为：return 表达式或 return（表达式）；当程序执行到 return 语句时，程序的流程就返回到调用该函数的地方，并带回函数值。在同一函数内，可以根据需要，在多处出现 return 语句，在函数体的不同部位退出函数。无论函数体中有多少个 return 语句，return 语句只可能执行一次，返回一个函数值。return 语句中也可以不含有表达式，这时必须定义函数为 void 类型，它的作用只是使流程返回到调用函数，并没有确定的函数值，函数体内可以没有 return 语句，这时也必须定义函数为void类型，程序的流程就一直执行到函数末尾“}”，然后返回调用函数，也没有确定的函数值返回。

24. 参考答案：A

【解析】函数的3个实参分别为f2（v1，v2）、(v3，v4，v5)、(v6，max（v7，v8））。

二、填空题

1. 有参函数
2. 主函数（或者填main函数）
3. void
4. 实参、形参
5. 局部（或者填内部）
6. 静态、动态
7. auto、static、register、extern
8. auto（或填自动）
9. 7 8 9
10. a[i]、i<n－1、j＝i＋1、array [j]<array [k]、array [k]＝array [i]
11. 答案：1111

【解析】主函数中调用函数fun（11），执行函数体if语句输出x的值为11，函数返回x/2的值为2，回到主函数调用处则b＝2；最后执行printf语句输出a的值为11，则最终输出的是1111。

12. 答案：i－1

【解析】将a[i] 前移的操作为：a[i－1]＝a[i]；（将a[i] 的值赋给a[i－1]）。例：i＝k时，前移操作为：a[k－1]＝a[k]。

13. 答案：3025

【解析】在主函数中定义了整型变量c，其值等于20，调用函数fun（c），在函数fun中计算变量a的值，其值等于30，将其输出30，将其输出；然后再在主函数中执行a＋＝c；语句，此时变量a是全局变量，其值等于5，所以执行完a＋＝c；语句后，变量a的值等于25，将其输出，所以程序运行的结果为3025。在这个题目中，注意函数fun中定义的变量a是局部变量，其值在退出函数fun时，会在内存中释放，而在程序中定义的全局整型变量a的值，直到程序运行结束后才会释放。

14. 答案：6

【解析】形参x＝6，函数体不执行if语句，执行printf语句输出x的值为6。

15. 答案：func（）　　m＋＋

【解析】在C语言中如果子函数在主函数之后定义，就要对其进行说明，说明的形式为：函数类型名 函数名。所以第1空填写func（）。整型变量m表示输入字符的个数，所以每输入一个字符，变量m的值就加1，所以第2空填写m＋＋。

16. 答案：15

【解析】在函数fun（int x）中定义了局部静态整型变量t，并初始化为0. 这个函数的返回值为t＋x。在主函数的for循环中，5次连续调用fun（i），实现了从1到5连续数字的相加运算。

17. 答案：21

【解析】在主函数中给整型变量 a 赋初始值为 1，再调用 fun 函数把其值赋给 fun 函数形参 p，在 fun 函数中，定义了整型变量 d，并把其值设为 2，执行表达式 p=d++后，变量 p 的值就变为 2，所以在屏幕上输出 2，然后再执行主函数中的输出语句，输出变量 a 的值 1。

18. 答案：9

【解析】在主函数中第一次调用 f（a）时，得到变量 s 的值等于 4，在第二次调用 f（a）时，在子函数 f 中由于变量 a 是一个局部静态变量，所以这次其值等于 2，因而在主函数中第二次调用 f（a）后，其返回值等于 5，最后变量 s 的值等于 9。

19. 答案：9

【解析】首先计算 f(a,b)与 f(a,c),f(a,b)=(b−a) * a=3,f(a,c)=(c−a) * a=6,然后计算 f(3,6)=(6−3) * 3=9。

20. 答案：9

【解析】主函数中调用函数 fun(8,11,)，返回(8+11)/2=9;。

21. The final result is：4

22. 125

23. 9

24. 0，0

0，2

25. 8，17

26. 5 6

27. 31

28. 57

29. 2 6

30. 15

31. 4

三、编程题

1.
```
#include <stdio.h>
int main()
{   float add(float x, float y);
    float a,b,c;
    printf("Please enter a and b:");
    scanf("%f,%f",&a,&b);
    c=add(a,b);
    printf("sum is %f\n",c);
    return 0;
}
float add(float x,float y)
{   float z;
```

```
    z=x+y;
    return(z);
}
2. #include <stdio.h>
int main()
{   int max(float x,float y);
    float a,b;  int c;
    scanf("%f,%f,",&a,&b);
    c=max(a,b);
    printf("max is %d\n",c);
    return 0;
}
int max(float x,float y)
{   float z;
    z=x>y? x:y;
    return( z );
}
3. #include<stdio.h>
int qiuhe()
{   int i,sum=0,t=1;
    for(i=1;i<=101;)
    {   sum=sum+t*i;
        t=-t;
        i=i+2
    }
    return sum;
}
void main()
{   int sum;
    sum=qiuhe();
    printf("%d\n",sum);
}
4. #include<stdio.h>
#include<string.h>
void insert(char[]);
void main()
{   char str[10];
    printf("输入5位数字的字符串:");
    scanf("%s",str);
    insert(str);
```

```
}
void insert(char str[])
{   int i;
    for(i=strlen(str);i>0;i--)
    {   str[2*i]=str[i];
        str[2*i-1]=' ';
    }
    printf("结果为:\n%s\n",str);
}
```

第9章 指针

一、选择题

1. 以下定义语句中正确的是（　　）。

   A. int a=b=0;　　B. char A=65+1,b='b';

   C. float a=1, * b=&a, * c=&b;　　D. double a=0.0; b=1.1;

2. 设已有定义:float x;,则以下对指针变量 p 进行定义,且赋初值的语句中正确的是(　　)。

   A. int * p=(float)x;　　B. float * p=&x;

   C. float p=&x;　　D. float * p=1024;

3. 若有定义语句:double a, * p=&a;则以下叙述中错误的是（　　）。

   A. 定义语句中的 * 号是一个间址运算符

   B. 定义语句中的 * 号是一个说明符

   C. 定义语句中的 p 只能存放 double 类型变量的地址

   D. 定义语句中, * p=&a 把变量 a 的地址作为初值赋给指针变量 p

4. 有以下程序:

```
#include <stdio.h>
main()
{
    int a=1, b=3, c=5;
    int *p1=&a, *p2=&b, *p=&c;
  *p = *p1 *( *p2);
    printf("%d\n",c);
  }
```

   执行后的输出结果是（　　）。

   A. 1　　B. 2　　C. 3　　D. 4

5. 以下叙述中正确的是（　　）。

   A. int* p1; int ** p2; int *p3;都是合法的定义指针变量的语句

B. 指针变量只能通过求地址运算符(&)来获得地址值

C. 语句 p=NULL;与 p=\0;是等价的语句

D. 语句 p=NULL;执行后,指针 p 指向地址为 0 的存储单元

6. 若有定义语句:

int a[2][3], * p[3];

则以下语句中正确的是( )。

A. p=a; B. p[0]=a; C. p[0]=&a[1][2]; D. p[1]=&a;

7. 若有定义语句:double x, y, * px, * py; 执行了 px=&x; py=&y;之后,则正确的输入语句是( )。

A. scanf("%1f %1e", px, py);

B. scanf("%f %f" &x, &y);

C. scanf("%f %f", x, y);

D. scanf("%1f %1f",x, y);

8. 若有以下程序:

```
#include <stdio.h>
int *f(int *s,int *t)
{ int *k;
    if (*s < *t){ k = s; s=t; t=k; }
    return s;
}
main()
{   int i=3, j=5, *p=&i, *q=&j, *r;
    r=f(p,q);   printf("%d,%d,%d,%d,%d\n", i, j, *p, *q, *r);
}
```

则程序的输出结果是( )。

A. 3, 5, 5, 3, 5 B. 3, 5, 3, 5, 5

C. 5, 3, 5, 3, 5 D. 5, 3, 3, 5, 5

9. 有以下程序:

```
#include <stdio.h>
main()
{ int a[ ]={ 10,20,30,40 }, *p=a, i ;
    for( i=0; i<=3; i++ ){ a[i] = *p; p++; }
    printf("%d\n", a[2] );
}
```

程序运行后的输出结果是( )。

A. 10 B. 20 C. 30 D. 40

10. 设有定义:

double a [10] , *s=a;

则以下能够代表数组元素 a [3] 的是( )。

A. (*s) [3] B. * (s+3) C. *s [3] D. *s+3

11. 若有定义语句：

int year=2009，*p=&year；

则以下不能使变量 year 中的值增至 2010 的语句是（　　）。

A. （*p）++；　　B. *p++；　　C. ++（*p）；　　D. *p+=1；

12. 若在定义语句：

int a，b，c，*p=&c；

接着执行以下选项中的语句，则能正确执行的语句是（　　）。

A. scanf（"%d"，a，b，c）；　　B. scanf（"%d%d%d"，a，b，c）；

C. scanf（"%d"，p）；　　D. scanf（"%d"，&p）；

13. 有以下程序：

```
#include <stdio.h>
void fun(char *c,int d)
{ *c=*c+1;
    d=d+1;
    printf("%c,%c,",*c,d);
}
main()
{     char b='a',a='A';
    fun(&b,a);
    printf("%c,%c\n",b,a);
}
```

程序运行后的输出结果是（　　）。

A. b，B，b，A　　B. b，B，B，A

C. a，B，B，a　　D. a，B，a，B

14. 下列函数的功能是（　　）。

```
void fun(char *a,char *b)
{
     while(*b=*A.!='\0')
    { a++; b++;}
}
```

A. 将 a 所指字符串赋给 b 所指空间

B. 使指针 b 指向 a 所指字符串

C. 将 a 所指字符串和 b 所指字符串进行比较

D. 检查 a 和 b 所指字符串中是否有'\0'

15. 以下选项中函数形参不是指针的是（　　）。

A. fun（int *a）{…}　　B. fun（int a［10］）{…}

C. fun（int &p）{…}　　D. fun（int p［］）{…}

16. 有以下程序：

```
#include <stdio.h>
main()
```

```
{ int a[3][4]={ 1,3,5,7,9,11,13,15,17,19,21,23}, ( * p)[4]=a,i,j,k=0;
    for( i=0; i<3; i++ )
      for( j=0; j<2; j++ )k=k+ * ( * (p+i)+j);
  printf("%d\n", k );
}
```

程序运行后的输出结果是（　　）。

A. 108　　B. 68　　C. 99　　D. 60

17. 有以下程序：

```
#include <stdio.h>
void fun( char  * p, int n )
{    char b[6]="abcde";   int i;
     for( i=0,p=b; i<n; i++ )p[i]=b[i];
}
main()
{   char a[6]="ABCDE";
    fun(a, 5);   printf("%s\n",a);
}
```

程序运行后的输出结果是（　　）。

A. abcde　　B. ABCDE　　C. edcba　　D. EDCBA

18. 有以下程序：

```
#include <stdio.h>
void fun( int a[], int n)
{    int   i, t;
     for(i=0; i<n/2; i++){ t=a[i]; a[i]=a[n-1-i]; a[n-1-i]=t; }
}
main()
{   int   k[10]={ 1,2,3,4,5,6,7,8,9,10},i;
    fun(k,5);
    for(i=2; i<8; i++)printf("%d",k[i]);
    printf("\n");
}
```

程序的运行结果是（　　）。

A. 321678　　B. 876543　　C. 1098765　　D. 345678

19. 有以下程序：

```
#include <stdio.h>
#include <string.h>
main()
{   char str[][20]={"One * World","One * Dream!"}, * p=str[1];
     printf("%d,",strlen(p)); printf("%s\n",p);
}
```

程序运行后的输出结果是（　　）。

A. 10，One * Dream!　　　　B. 9，One * Dream!

C. 9，One * World　　　　D. 10，One * World

20. 下列语句组中，正确的是（　　）。

A. char *s; s="Olympic";

B. char s [7]; s="Olympic";

C. char *s; s= {"Olympic"};

D. char s [7]; s= {"Olympic"};

21. 设有定义：

char *c;

以下选项中能够使 c 正确指向一个字符串的是（　　）。

A. char str [ ] ="string"; c=str;

B. scanf ("%s", c);

C. c=getchar ( );

D. *c="string";

22. 以下选项中正确的语句组是（　　）。

A. char *s; s= {"BOOK!"};

B. char *s; s="BOOK!";

C. char s [10]; s="BOOK!";

D. char s []; s="BOOK!";

23. 有以下程序：

```
#include <stdio.h>
#define  N  4
void fun(int a[][N], int b[])
{   int i;
    for (i=0; i<N; i++)  b[i] = a[i][i] - a[i][N-1-i];
}
main()
{   int x[N][N]={{1, 2, 3, 4}, {5, 6, 7, 8}, {9,10,11,12}, {13,14,15,16}}, y[N], i;
    fun (x, y);
    for (i=0; i<N; i++)  printf("%d,", y[i]);  printf("\n");
}
```

程序运行后的输出结果是（　　）。

A. -3,-1,1,3

B. -12,-3,0,0

C. 0,1,2,3

D. -3,-3,-3,-3

24. 若有以下定义和语句，且 0≤i<10，则对数组元素的错误引用是（　　）。

int a [10] = {1, 2, 3, 4, 5, 6, 7, 8, 9, 10}, *p, i;

p=a;

A. *（a+i） B. a［p−a］ C. p+i D. *（&a［i］）

25. 若有定义：int a［3］［4］；，则（ ）不能表示数组元素 a［1］［1］。

A. *(a[1]+1) B. *(&a[1][1]) C. (*(a+1)[1]) D. *(a+5)

26. 对如下定义 char *a［2］＝｛"abcd","ABCD"｝；，以下说法中正确的是（ ）。

A. 数组 a 的元素值分别为"abcd"和"ABCD"

B. a 是指针变量，它指向含有两个数组元素的字符型数组

C. 数组 a 的两个元素分别存放的是含有 4 个字符的一维数组的首地址

D. 数组 a 的两个元素中各自存放了字符'a'、'A'的地址

27. 若有语句 char *s="\t\\Name\\Address\n"；

则指针 s 所指字符串的长度为：（ ）。

A. 说明不合法 B. 19 C. 18 D. 15

28. 分析下面函数，以下说法正确的是（ ）。

```
swap(int *p1,int *p2)
{   int *p;
   *p= *p1; *p1= *p2; *p2= *p;
}
```

A. 交换 *p1 和 *p2 的值 B. 正确，但无法改变 *p1 和 *p2 的值

C. 交换 *p1 和 *p2 的地址 D. 可能造成系统故障，因为使用了空指针

29. 设有说明 int（*ptr）［M］；，其中 ptr 是（ ）。

A. M 个指向整型变量的指针

B. 指向 M 个整型变量的函数指针

C. 一个指向具有 M 个整型元素的一维数组的指针

D. 具有 M 个指针元素的一维指针数组，每个元素都只能指向整型量

30. 在说明语句：int *f（）；中，标识符代表的是（ ）。

A. 一个用于指向整型数据的指针变量 B. 一个用于指向一维数组的指针

C. 一个用于指向函数的指针变量 D. 一个返回值为指针型的函数名

31. 若 int x，*pb；，则正确的赋值表达式是（ ）。

A. pb=&x B. pb=x； C. *pb=&x； D. *pb=*x

32. 有如下程序段：

```
int *p, a=10, b=1;
p=&a; a= *p+b;
```

执行该程序段后，a 的值为（ ）。

A. 12 B. 11 C. 10 D. 编译出错

33. 若有以下定义和语句：

```
double r=99, *p=&r;
*p=r;
```

则以下正确的叙述是（ ）。

A. 以下两处的 *p 含义相同，都说明给指针变量 p 赋值

B. 在"double r=99，*p=&r;"中，把 r 的地址赋值给了 p 所指的存储单元

C. 语句"*p=r;"把变量 r 的值赋给指针变量 p

D. 语句“ * p=r;”取变量 r 的值放回 r 中

34. 若要求函数的功能是交换 x 和 y 中的值，且通过正确调用返回交换结果，则能正确执行此功能的函数是（　　）。

A. funa (int * x,int * y) { int * p; * p= * x; * x= * y; * y= * p; }

B. fund (int x,int y) { int t; t=x;x=y;y=t; }

C. func (int * x,int * y) { * x= * y; * y= * x;}

D. fund (int * x,int * y) { * x= * x+ * y; * y= * x- * y; * x= * x- * y;}

35. 若有说明：long * p , a;，则不能通过 scanf 语句正确给输入项读入数据的程序段是（　　）。

A. * p=&a; scanf("%ld",p);

B. p=(long *)malloc(8); scanf("%ld",p);

C. scanf("%ld",p=&a);

D. scanf("%ld",&a);

36. 对于类型相同的两个指针变量之间，不能进行的运算是（　　）。

A. <　　B. =　　C. +　　D. -

37. 若已定义：int a [9] , * p=a;，并在以后的语句中未改变 p 的值，则不能表示 a [1] 地址的表达式是（　　）。

A. p+1　　B. a+1　　C. a++　　D. ++p

38. 若有以下说明：

int a [10] = {1, 2, 3, 4, 5, 6, 7, 8, 9, 10} , * p=a ;

则数值为 6 的表达式是（　　）。

A. * p+6　　B. * (p+6)　　C. * p+=5　　D. p+5

39. 设 P1 和 P2 是指向同一个 int 型一维数组的指针变量，k 为 int 型变量，则不能正确执行的语句是（　　）。

A. k= * P1+ * P2;　　B. p2=k;　　C. P1=P2;　　D. k= * P1 * (* P2);

40. 若有以下的定义：

int a [ ] = {1 , 2 , 3 , 4 , 5 , 6 , 7 , 8 , 9 , 10} , * p=a ;

则值为 3 的表达式是（　　）。

A. p+=2 , * (p++)　　B. p+=2 , * ++p

C. p+=3 , * p++　　D. p+=2 , ++ * p

41. 若有以下定义和语句：

int a [10] = {1 , 2 , 3 , 4 , 5 , 6 , 7 , 8 , 9 , 10} , * p=a ;

则不能表示 a 数组元素的表达式是（　　）。

A. * p　　B. a [10]　　C. * a　　D. a [p-a]

42. 若有如下说明：

int a [10] = {1, 2, 3, 4, 5, 6, 7, 8, 9, 10}, * p=a;

则数值为 9 的表达式是（　　）。

A. * p+9　　B. * (p+8)　　C. * p+=9　　D. p+8

43. 下面程序输出数组中的最大值，由 s 指针指向该元素：

void main()

```
{   int a[10]={6,7,2,9,1,10,5,8,4,3,},*p,*s;
    for(p=a, s=a; p-a<10; p++)
    if(____)s=p;
    printf("The max:%d",*s):
}
```

则在 if 语句中的判断表达式应该是（　　　）。

A. p>s　　B. *p>*s　　C. a [p] >a [s]　　D. p-a>p-s

44. 若有以下定义和语句：

int w [2] [3] ，(*pw) [3] ；pw=w ；

则对 w 数组元素非法引用的是（　　）。

A. * (w [0] +2)　B. * (pw+1) [2]　C. pw [0] [0]　D. * (pw [1] +2)

45. 若有以下说明和语句，则（　　）是对 c 数组元素的正确引用。

int c [4] [5] ，(*cp) [5] ；

cp=c ；

A. cp+1　　B. * (cp+3)　　C. * (cp+1) +3　D. * (*cp+2)

46. 设有如下的程序段：

```
char str [ ] ="Hello" ;
char *ptr ;
ptr=str ;
```

执行上面的程序段后，*(ptr+5) 的值为（　　）。

A. 'o'　　B. ' \0'　　C. 不确定的值　　D. ' o' 的地址

47. 下面函数的功能是（　　）。

```
sss (char *s , char *t )
{   while ( (*s) && (*t) && (*t++== *s++) ) ;
    return (*s- *t) ; }
```

A. 求字符串的长度　　B. 比较两个字符串的大小

C. 将字符串 s 复制到字符串 t 中　　D. 将字符串 s 接续到字符串 t 中

48. 下面各语句行中，能正确进行字符串赋值操作的语句是（　　）。

A. char ST[5]={"ABCDE"}；　　B. char S[5]={'A','B','C','D','E'}；

C. char *S; S="ABCDE"；　　D. char *S; scanf("%S",S)；

49. 下列函数的功能是（　　）。

```
int fun1(char * x)
{   char *y=x;
    while(*y++) ;
    return(y-x-1);}
```

A. 求字符串的长度　　B. 比较两个字符串的大小

C. 将字符串 X 复制到字符串 Y　　D. 将字符串 X 连接到字符串 Y 后面

50. 请读程序：

```
#include < stdio.h>
#include < string.h>
```

```
void main ( )
{ char * S1="ABCDEF", * s2="aB";
    s1++; s2++;
    printf ("%d \ n", strcmp ( s1, s2) );
}
```

上面程序的输出结果是（　　）。

A. 正数　　B. 负数　　C. 零　　D. 不确定的值

51. 设有如下定义：

int (* ptr) ( );

则以下叙述中正确的是（　　）。

A. ptr 是指向一维组数的指针变量

B. ptr 是指向 int 型数据的指针变量

C. ptr 是指向函数的指针；该函数返回一个 int 型数据

D. ptr 是一个函数名；该函数的返回值是指向 int 型数据的指针

52. 若有函数 max (a , b)，并且已使函数指针变量 p 指向函数 max ，当调用该函数时，正确的调用方法是（　　）。

A. (* p) max (a , b);　　B. * pmax (a , b);

C. (* p) (a , b);　　D. * p (a , b);

53. 已有函数 max (a, b)，为了让函数指针变量 p 指向函数 max，正确的赋值方法是（　　）。

A. p=max;　　B. * p=max;　　C. p=max (a, b);　D. * p=max (a, b);

54. 已有定义 int (* p) ();，则指针 p 可以（　　）。

A. 代表函数的返回值　　B. 指向函数的入口地址

C. 表示函数的类型　　D. 表示函数返回值的类型

55. 若有以下说明和定义：

```
fun(int * c){ }
void main()
{ int ( * a)()=fun, * b(),w[10],c;
    ...
}
```

则在必要的赋值之后，对 fun 函数的正确调用语句是（　　）。

A. a=a (w);　　B. (* a) (&c);　　C. b= * b (w);　　D. fun (b);

56. 以下正确的叙述是（　　）。

A. C 语言允许 main 函数带形数，且形参个数和形参名均可由用户指定

B. C 语言允许 main 函数带形参，形参名只能是 argc 和 argv

C. 当 main 函数带有形参时，传给形参的值只能从命令行中得到

D. 有说明：main (int argc, char * argv)，则形参 argc 的值必须大于 1

57. 若有说明：int i, j=2, * p=&i;，则能完成 i=j 赋值功能的语句是（　　）。

A. i= * p;　　B. p * = * &j;　　C. i=&j;　　D. i= * * p;

二、填空题

1. 在数组中同时查找最大元素下标和最小元素下标，分别存放在 main 函数的变量 max 和 min 中。请填空。

```
#include <stdio.h>
void find (int *a, int *max, int *min)
{    int i;
     *max= *min=0;
     for (i=1; i<n; i++)
        if (a [i] >a [*max] )  ____(1)____ ;
        else if (a [i] <a [*min] )  ____(2)____ ;
     return;
}
main ()
{    int a [] = {5, 8, 7, 6, 2, 7, 3};
     int max, min;
     find ( ____(3)____ );
     printf ("%d,%d\n", max, min);
}
```

2. 有一个班 4 个学生，5 门课。(1) 求第一门课的平均分；(2) 找出有 2 门以上课程不及格的学生，输出他们的学号和全部课程成绩和平均成绩；(3) 找出平均成绩在 90 分以上或全部课程成绩在 85 分以上的学生。分别编三个函数实现以上要求。请填空。

```
#include<stdio.h>
main()
{    int i,j, *pnum,num[4];
     float score[4][5],aver[4], *psco, *pave;
     char course[5][10], *pcou;
     pcou=&course[0];
     printf("please input the course name by line:\n");
     for (i=0;i<5;i++)
        scanf("%s",pcou+10*i);
     printf("please input stu num and grade:\n");
     printf("stu num:\n");
     for(i=0;i<5;i++)
        printf("%s",pcou+10*i);
     printf("\n");
     psco=&score[0][0];
     pnum=&num[0];
     for(i=0;i<4;i++)
```

```
    {   scanf("%d",pnum+i);
         for(j=0;j<5;j++)
         scanf("%f",psco+5 * i+j);
    }
    pave=&aver[0];
    avsco(psco,pave);
    avcour1(pcou,psco);
    fail2(pcou,pnum,psco,pave);
    printf("\n");
    good(pcou,pnum,psco,pave);
  }
avsco(float  * psco,float  * pave)
{       int i,j;
        float sum,average;
        for(i=0;i<4;i++)
        {    sum=0;
              for(j=0;j<5;j++)
                  sum=sum+ (1);
             average=sum/5;
             * (pave+i)=  (2);
        }
 }
 avcour1(char  * pcou,float  * psco)
 {    int i;
      float sum=0, average1;
      for (i=0;i<4;i++)
      sum=sum+ (3);
      average1= (4);
      printf("the first course %s ,average is:%5.2f\n",pcou,average1);
}
   fail2(char  * pcou,int  * pnum,float  * psco,float  * pave)
 {      int i,j,k,label;
        printf("stu num:");
       for(i=0;i<5;i++)
            printf("%-8s",pcou+10 * i);
         printf("average:\n");
         for(i=0;i<4;i++)
         {   label=0;
             for(j=0;j<5;j++)
                if( (5))label++;
```

```
            if (label>=2)
          {      printf("%-8s", *(pnum+i));
                 for(k=0;k<5;k++)   printf("%-8.2f", (6));
                 printf("%-8.2f\n", (7));
            }
        }
}
good(char *pcou,int *pnum,float *psco,float *pave)
 {    int i,j,k,label;
        printf("=======good students=======\n");
        printf(" stu num");
        for (i=0;i<5;i++)
        {   label=0;
            for (j=0;j<5;j++)   printf("%-8s",pcou+10*j);
           printf("  average\n");
            for (i=0;i<4;i++)
            {   label=0;
                for(j=0;j<5;j++)
                    if(*(psco+5*i+j)>85.0)label++;
                if(label>=5||(*(pave+i)>90))
              { printf("%-8d", *(pnum+i));
                  for(k=0;k<5;k++)
                    printf(" %-8.2f", (8));
                  printf(" %-8.2f\n", *(pave+i));
              }
          }
       }
 }
```

3. 阅读程序写出运行结果。

```
#include <stdio.h>
void main()
{   int *p1, *p2, *p;
     int a=5,b=8;
     p1=&a; p2=&b;
     if(a<B){ p=p1; p1=p2; p2=p;}
     printf("%d,%d\n", *p1, *p2);
     printf("%d,%d\n",a,b);
}
```

4. 阅读程序写出运行结果。

```
void ast(int x,int y,int *cp,int *dp)
```

```
{    * cp=x+y;  * dp=x-y; }
void main()
{    int a,b,c,d;
   a=4; b=3;
   ast(a,b,&c,&d);
   printf("%d,%d\n",c,d);
}
```

5. 阅读程序写出运行结果。

```
void main()
{    int a[]={2,4,6,8,10};
     int y=1,x, * p;
     p=&a[1];
     for(x=0;x<3;x++)y+= * (p+x);
     printf("y=%d\n",y);
}
```

6. 阅读程序写出运行结果。

```
void main()
{    int a[2][3]={1,2,3,4,5,6};
     int m, * ptr;
     ptr=&a[0][0];
     m=( * ptr) * ( * (ptr+2)) * ( * (ptr+4));
     printf("%d\n",m);
}
```

7. 阅读程序写出运行结果。

```
void prtv(int  *  x)
{    printf("%d\n",++ * x);
}
void main()
{    int a=25 ;prtv(&a);
}
```

8. 阅读程序写出运行结果。

```
void fun(int  * a, int  * b, int  * C)
{    int  * temp;
     temp=a; a=b; b=temp;
    * temp= * b,  * b= * c;  * c= * temp;
}
void main()
{    int a,b,c, * p1, * p2, * p3;
     a=5; b=7; c=3;
     p1=&a; p2=&b; p3=&c;
```

```
    fun(p1,p2,p3);
    printf("%d,%d,%d\n",a,b,c);
}
```

9. 阅读程序写出运行结果。

```
#include <stdio.h>
void main()
{   static int a[2][3]={1,3,5,2,4,6};
    int *add[2][3]={*a,*a+1,*a+2,*(a+1),*(a+1)+1,*(a+1)+2};
    int **p,i;
    p=add[0];
    for(i=0;i<6;i++)
    {   printf("%d ",**p); p++;   }
    printf("\n");
}
```

10. 阅读程序写出运行结果。

```
void main()
{   char s[]="ABCD",*p;
    for(p=s+1;p<s+4;p++)
    printf("%s\n",p);
}
```

11. 阅读程序写出运行结果。

```
int fa(int x)
{   return x*x;   }
int fb(int x)
{   return x*x*x;   }
int f(int (*f1)(),int (*f2)(),int x)
{   return f2(x)-f1(x);   }
void main()
{   int i;
  i=f(fa,fb,2); printf("%d\n",i);
}
```

12. 阅读程序写出运行结果。

```
#include <stdio.h>
#include <string.h>
void main()
{   char b1[8]="abcdefg",b2[8],*pb=b1+3;
    while (--pb>=b1)strcpy(b2,pb);
    printf("%d\n",strlen(b2));
}
```

13. 阅读程序写出运行结果。

```
char cchar(char ch)
{   if (ch>='A'&&ch<='Z')
        ch=ch-'A'+'a';
    return ch;
}
void main()
{   char s[]="ABC+abc=defDEF", * p=s;
   while( * p)
   {   * p=cchar( * p);
        p++;
   }
   printf("%s\n",s);
}
```

14. 阅读程序写出运行结果。

```
void main( )
{   int a[5]={2,4,6,8,10}, * p, *  * k;
    p=a; k=&p;
    printf("%d", * (p++));
    printf("%d\n", *  * k);
}
```

15. 阅读程序写出运行结果。

```
funa(int a,int b ){ return a+b;}
funb(int a,int b ){ return a-b;}
sub( int ( * t)( ),int x,int y )
{   return (( * t)(x,y));   }
void main( )
{   int x ,( * p)( );
    p=funa;
    x=sub(p,9,3);
    x+=sub(funb,8,3);
    printf("%d\n",x);
}
```

16. 阅读程序写出运行结果。

```
void main( )
{   char * s="12134211";
    int v[4]={0,0,0,0} ;
    int k,i;
    for(k=0;s[k];k++)
    {   switch(s[k])
          { case '1':i=0;
```

```
            case '2':i=1;
            case '3':i=2;
            case '4':i=3;
          }
        v[i]++;
    }
    for(k=0;k<4;k++)printf("%d",v[k]);
}
```

17. 阅读程序写出运行结果。

```
# include "ctype. h"
void space(char * str)
{   int i ,t ;
    char ts[81];
    for(i=0,t=0 ;str[i]! ='\0' ;i+=2)
        if(! isspace( * (str+i))&&( * (str+i)! ='a'))
            ts[t++]=toupper(str[i]);
    ts[t]='\0' ; strcpy(str ,ts);
}
void main( )
{   char s[81]={"abcdefg"} ;
    space(s); puts(s);
}
```

18. 阅读程序写出运行结果。

```
#include<stdio. h>
sub1(char a ,char B){ char c ; c=a ;a=b ;b=c ;}
sub2(char * a ,char B){ char c ; c= * a ; * a=b ;b=c ;}
sub3(char * a ,char * B){ char c ; c= * a ; * a= * b ; * b=c ;}
void main()
{   char a ,b ;
    a='A' ;b='B' ;sub3(&a ,&B);
    putchar(A); putchar(B);
    a='A' ;b='B';sub2(&a ,B);
    putchar(A); putchar(B);
    a='A' ;b='B' ;sub1(a ,B);
    putchar(A); putchar(B);
}
```

19. 阅读程序写出运行结果。

```
void main()
{   char b[ ]="ABCDEFG";
    char * chp=&b[7];
```

```
    while(--chp>&b[0])
        putchar(*chp);
    putchar('\n');
}
```

20. 阅读程序写出运行结果。

```
int aa[3][3]={{2},{4},{6}};
void main()
{   int i ,*p=&aa[0][0];
    for(i=0;i<2;i++)
    { if(i==1)aa[i][i+1]=*p+1;
      else ++p;
      printf("%d",*p);
    }
}
```

21. 阅读程序写出运行结果。

```
int f(int b[ ],int n)
{   int i ,r=1;
    for(i=0;i<=n;i++)r=r*b[i];
    return r;
}
void main()
{   int x,a[]={2,3,4,5,6,7,8,9};
    x=f(a,3);
    printf("%d\n",x);
}
```

22. 阅读程序写出运行结果。

```
#define PR(ar)printf("%d",ar)
void main( )
{   int j ,a[ ]={1,3,5,7,9,11,13,15},*p=a+5;
    for(j=3;j;j--)
    {   switch(j)
      { case 1:
        case 2:PR(*p++);break;
        case 3:PR(*(--p));
      }
    }
}
```

23. 阅读程序写出运行结果。

```
#include<stdio.h>
void main()
```

```
{    int a[ ]={ 1 ,2 ,3 ,4 } ,i ;
     void sub( int  * s ,int y);
     int x=0 ;
     for(i=0 ; i<4 ; i++)
     { sub(a ,x); printf("%d" ,x);
     }
     printf("\n");
}
void sub( int  * s ,int y)
{    static int t=3 ;
     y=s[t] ; t-- ;
}
```

24. 阅读程序写出运行结果。

```
#include< stdio. h>
void FUN( int  * S)
{    static int J=0;
   do {S[J] +=S[J+1];}while( ++J<2);}
void main()
{    int K, A[10]={ 1,2,3,4,5};
     for( K=1;K<3;K++)FUN(A. ;
     for(K=0;K<5;K++)printf("%d",A[K]);
}
```

25. 阅读程序写出运行结果。

```
#include<stdio. h>
fun (int  *  s ,int n1 ,int n2)
{    int i , j , t ;
     i=n1 ; j=n2 ;
     while(i<j)
     { t=  * (s+ i);
        * (s+i)=  * (s+j);
        * (s+j)=t ;
      i++ ; j-- ;
     }
}
void main()
{    int a[10]={1 ,2 ,3 ,4 ,5 ,6 ,7 ,8 ,9 ,0} ,i , * p=a;
     fun (p ,0 ,3);
     fun(p ,4 ,9);
     fun(p ,0 ,9);
     for(i=0 ; i<10 ; i++)printf("%d" ,  * (a+i));
```

```
    printf("\n");
}
```

26. 阅读程序写出运行结果。

```
void as( int x ,int y ,int *cp ,int *dp)
{    *cp=x+y; *dp=x-y;}
void main()
{    int a=4 ,b=3 ,c ,d ;
   as(a ,b ,&c ,&D);
   printf("%d %d\n",c,D);
}
```

27. 阅读程序写出运行结果。

```
void func(int *a,int b[ ])
{    b[0]= *a+6; }
main()
{    int a ,b[5];
     a=0; b[0]=3;
     func(&a,B);
     printf("%d \n",b[0]);
}
```

28. 阅读程序写出运行结果。

```
#include <stdio.h>
sub(int x ,int y ,int *z)
{ *z=y-x ; }
main()
{    int a , b , c ;
     sub(10 ,5 ,&A);
     sub(7 ,a ,&B);
     sub(a ,b ,&C);
     printf("%d ,%d ,%d\n" ,a ,b ,C);
}
```

三、编程题

1. 有 n 个整数，使其前面各数顺序向后移 m 个位置，最后 m 个数变成最前面的 m 个数。

2. 写一个函数，求一个字符串的长度，然后在 main 函数中输入字符串，并输出其长度。

3. 编写函数实现：计算一个字符在一个字符串中出现的次数。

参考答案

一、选择题

1～5：B、B、A、C、A

6～10：C、A、B、C、B

11～15：B、C、A、A、C

16～20：D、B、A、A、A

21～25：A、B、A、C、D

26～30：D、D、D 、C、D

31～35：A、B、D 、D、A

36～40：C、C、C 、B、A

41～45：B、B、B、A、D

46～50：B、B、C 、A、A

51～55：C、C、B、B、D

56～57：C、B

部分参考答案及解析。

1. 参考答案：B

【解析】A 选项语句中 b 变量还没有定义，所以不能直接用于给 a 变量赋值 . C 选项语句中 * b、 * c 表示的是一个实型变量的地址，不能再将 &b 赋值给指针型变量 c。D 选项语句中“a=0.” 0 后面应该为逗号，不能是分号。

2. 参考答案：B

【解析】指针是用来存放地址的变量，用（类型名 * 指针变量名）的形式定义。在赋值时应将某个变量地址即 &x 赋给指针变量，所以选择 B。

3. 参考答案：A

【解析】在变量定义“double a，* p=&a ;”中， * 号是一个指针运算符，而非间址运算符，所以 A 错误。

4. 参考答案：C

【解析】该程序中“int * p1=&a，* p2=&b，* p=&c;”是定义三个指针变量，并赋值，即使 p1 指向 a；p2 指向 b；p 指向 c。“* p= * p1 * （ * p2);”该条语句是给 p 所指的存储单元 c 赋值，就是 p1 所指的存储单元的值，即 a 的值，与 p2 所指的存储单元 b 的值相乘，也就是“c=a * b”，等价于“c=1 * 3=3;”，因此 C 选项正确。

5. 参考答案：A

【解析】B 选项描述不正确，指针变量可以通过求地址运算符（&）来获得地址值，可以通过指针变量获得地址值，还可以通过标准函数获得地址值；C 选项中，“p=NULL;”和“p=0;”或“p= ‘\0’;”等价；D 选项中，语句“p=NULL;”执行后，指针 p 并不是指向地址为 0 的存储单元，而是具有一个确定的值“空”。因此 A 选项正确。

6. 参考答案：C

【解析】A 选项错误，因为 p 是指向一个指针数组，作为数组名，不能指向别的地方。

B选项错误，因为p［0］是一个int指针，就是int＊；而a是一个指向指针的指针int＊＊。C选项正确，因为p［0］是一个int＊，a［1］［2］是int，&a［1］［2］是int＊，类型吻合。D选项错误，因为a作为数组名，不能取地址，即使能取地址，p［1］是int＊，&a是int＊＊＊，类型也不对。因此C选项正确。

7. 参考答案：A

【解析】因为x、y都是double型数据，所以输入时的格式字符应为%lf，所以B与C错误。D选项中"scanf（"%lf %lf"，x，y）；"应为"scanf（"%lf %lf"，&x，&y）；"。

8. 参考答案：B

【解析】在主函数中分别给整型变量i、j和指针型变量p、q赋初值，并声明指针变量r；调用f函数，并将实参变量p和q的值传递给形参变量s和t，并且f函数是指针型函数，即函数的返回值将是一个地址。在f函数中，如果条件成立，则将指针变量s和t互换，并且将指针s的地址返回主函数。最后输出i、j、＊p、＊q、＊r的值，即3、5、3、5、5。因此B选项正确。

9. 参考答案：C

【解析】因为指针变量p的初始值指向数组a，所以执行for循环语句后，数组a中的元素的值不变。因此C选项正确。

10. 参考答案：B

【解析】指针的赋值首先是其基类型必须一致，s二维数组名，是二维数组的首地址，其基类型是一个具有10个元素的字符数组。p是一个字符指针变量，其基类型是一个字符，k是一个行指针，其基类型是具有3个元素的字符型数组，所以A、C、D中两项的基类型不一致。而B选项，s［0］是二维数组s的第一个元素，其代表第一行元素构成的数组的首地址，其相当于一维数组的数组名，其基类型是一个字符类型，和p基类型一致。因此B选项正确。

11. 参考答案：B

【解析】由于自加运算符＋＋的运算级别高于间接运算＊的运算级别，所以B选项的表达式＊p＋＋不能使变量year中的值增至2010。因此B选项正确。

12. 参考答案：C

【解析】本题重点考察的知识点是标准输入函数scanf（）。scanf（）函数要求，除了第1个参数为格式化字符串以外，其余参数均为相应变量的地址值。本题中，只有p是地址值，因此C选项正确。

13. 参考答案：A

【解析】本题重点考察函数的调用，首先要了解字母对应的ASCII码。例如：A为65，a为97。即字母＋1则可得到下一个字母。其次是函数形参和实参的问题，运行过程如下：在fun（&b，A. 中，"＊c＝'a'，d＝65，＊c＋1＝'b'，d＋1＝66，printf("%c，%c，"，＊c，D. ；"输出"b，B"，因为指针c指向地址的值为b，此时"b＝＊c＝'b'；"则函数返回执行"printf("%c，%c\n"，b，A. ；"输出"b，A"，因此A选项正确。

14. 参考答案：A

【解析】While循环条件为：（＊b＝＊A.！＝'\0'，执行时先把指针a所指向的字符赋给指针b所在内存单元，如果该字符不是结束标识"\0"，则执行循环体"a＋＋；b＋＋；"，指针a、b分别指向下一个字符单元。再判断循环条件，如果成立，则继续把指针

a 所指向的字符赋给指针 b 所在内存单元，直到遇到结束标识为止。因此，A 选项正确。

15. 参考答案：C

【解析】B 选项和 D 选项是将数组作为函数参数；A 选项是将指针作为函数参数，因此 C 选项正确。

16. 参考答案：D

【解析】该题首先给二维数组赋值 a [3] [4] = { {1, 3, 5, 7} {9, 11, 13, 15} {17, 19, 21, 23} }；(* p) [4] =a 指针 p 指向二维数组 a 的首地址，接下来执行 for 循环，首先 i=0，j=0 时，k=k+ * (* (p+0) +0) =1 (a [0] [0])；当 i=0，j=1 时，k=k+ * (* (p+0) +1) =4 (a [0] [1])；然后 j=2 时，跳出 j 的循环，执行 i 的循环；i=1，j=0 时，k=k+ * (* (p+1) +0) =13 (a [1] [0])；依次类推，一直到 i=3 时，跳出全部循环。循环语句在这里的功能是累加二维数组第 1 列和第 2 列的元素，累加结果为 60。

17. 参考答案：B

【解析】本题考查数组名作为函数参数，执行 f 函数时，传进去的 a 指针被重新指向了 b，所以原本 a 数组的地址内容不变，所以输出结果为 ABCDE，答案为 B 选项。

18. 参考答案：A

【解析】本题中的函数 fun () 的功能是将数组 k 中前 5 个元素倒序，所以返回后数组 k 中的元素排列是 5、4、3、2、1、6、7、8、9、10，所以，打印输出 k [2] 到 k [7] 元素的值，即 321678，所以选择 A。

19. 参考答案：A

【解析】p 是指向二维字符数组第二行“One * Dream!”的数组指针，所以长度是 10，打印输出的也是该字符串。

20. 参考答案：A

【解析】字符型指针变量可以用选项 A 的赋值方法：char * s；s="Olympic"，选项 C 的写法：char * s，s= {"Olympic"}；是错误的。字符数组可以在定义的时候初始化：char s [] = {"Olympic"};? 或者 char s [] ="Olympic"，都是正确的，但是不可以在定义字符数组后，对数组名赋值 (数组名是常量，代表数组首地址)，所以选项 B 和选项 D 都是错误的。对于本例，选项 B、D 中字符数组 s 的大小至少为“8”，才能存放下字符串 (字符串的末尾都有结束标志"\0")。

21. 参考答案：A

【解析】A 选项先将字符串存于字符数组中，然后将数组名赋给字符指针 (数组名代表数组首地址，定义数组时为其分配确定地址)。C 选项错误，getchar ( ) 函数输入字符给字符型变量，而不是字符指针。B 选项和 D 选项有类似的错误，两个选项并无语法错误，但运行时可能会出现问题。因为在 B 选项和 D 选项中，字符指针没有被赋值，是个不确定的值，指向一个不确定的内存区域，这个区域可能存放有用的指令或数据。在这个不确定的区域里重新存放字符串，可能会发生无法预知的错误。因此 A 选项正确。

22. 参考答案：B

【解析】A 选项去掉大括号就正确了；C 选项和 D 选项应在定义时赋初值。因此 B 选项正确。

23. 参考答案：A

【解析】本题中由 fun 函数可知，b[0]=a[0][0]−a[0][3]=1−4=−3，b[1]=a[1][1]−[1][2]=6−7=−1，b[2]=a[2][2]−[2][1]=11−10=1，b[3]=a[3][3]−[3][1]=16−13=3，所以主函数中打印 y 数组元素的值为 A 选项。

二、填空题

1. （1） *max=I
   （2） *min=i
   （3） a，&max，&min
2. （1） *（psco+5*i+j）
   （2） average
   （3） *（psco+5*i）
   （4） sum/4
   （5） *（psco+5*i+j）<60
   （6） *（psco+5*i+k）
   （7） *（pave+i）
   （8） *（psco+5*i+k）

3. 8，5
   5，8

4. 7，1

5. y=19

6. 15

7. 26

8. 3，7，3

9. 1 3 5 2 4 6

10. BCD
    CD
    D

11. 4

12. 7

13. abc+abc=defdef

14. 24

15. 17

16. 0008

17. CEG

18. BABBAB

19. GFEDCB

20. 00

21. 120

22. 9911

23. 0000

24. 35745

25. 5678901234

26. 7 1

27. 6

28. −5，−12，−7

三、编程题

1.
```
#include <stdio.h>
#define N 10
#define M 3
void swap (int * x, int * y) {
    int * temp;
    temp = * x;
    * x = * y;
    * y = temp;
}
int main (int argc, const char * argv [] ) {//定义数组
    int array [N];
    printf ("未改变数组为: \t");
    //循环为数组赋值
    for (int i = 0; i < N; i++) {
        array [i] = i + 1;
        printf ("%d\t", array [i] );
    } //循环 M 次，对数组进行操作
    for (int i = 0; i < M; i++) { //首先将数组最后三个数组项放到数组前三位
        swap (&array [N - i - 1], &array [M - i - 1] ); //然后将变更后的数组的最后三位，放在 M 个项之后
       swap (&array [N - i - 1], &array [ (M - i + M - 1) ] );
    } //最后输出操作之后的数组
    printf ("\n改变后的数组为:");
    for (int i = 0; i < N; i++)
    {
        printf ("%d\t", array [i] );
    }
```

2.
```
int myLength (char * ps)
{int Length=0;
While ( * ps)
{
Length++;
ps++;
```

```
}
return Length;
}
3. int Occur (char *s, char c)
{
int count=0;
while (*s)
{
if (*s==c)
    count++;
s++;}
return count;
}
```

第10章 字符串和字符串函数

一、选择题

1. 以下定义语句中，错误的是（　　）。

   A. int a [] ＝ {1，2}；　　B. char a [] ＝ {"test"}；

   C. char s [10] ＝ {"test"}；　　D. int n=5，a [n]；

2. 以下给字符数组 str 定义和赋值正确的是（　　）。

   A. char　str [10]；　str= {"China!"}；

   B. char　str [ ] ＝ {"China!"}；

   C. char　str [10]；　strcpy (str,"abcdefghijkl")；

   D. char　str [10] ＝ {"abcdefghijkl"}；

3. 当接受用户输入的含有空格的字符串时，应使用（　　）函数。

   A. gets ( )　　B. getchar ( )　　C. scanf ( )　　D. printf ( )

4. 设有数组定义：char array [] ="China";，则 strlen (array) 的值为（　　）。

   A. 4　　B. 5　　C. 6　　D. 7

5. 设有数组定义：char array [] ="China";，则数组 array 所占的存储空间为（　　）。

   A. 4 个字节　　B. 5 个字节　　C. 6 个字节　　D. 7 个字节

6. 设有数组定义：char array [10] ＝ "China";，则数组 array 所占的存储空间为（　　）。

   A. 4 个字节　　B. 5 个字节　　C. 6 个字节　　D. 10 个字节

7. 有如下程序：

```
main( )
{  char ch[2][5]={"6937","8254"};
   int i,j;long s=0;
   for(i=0;i<2;i++)
     for(j=0;ch[i][j]>'\0';j++)
       s=10 * s+ch[i][j]-'0';
   printf("%ld\n",s);
```

```
}
```

该程序的输出结果是（　　）。

A. 69825　　B. 693825　　C. 6385　　D. 69378254

8. 有如下程序：

```
main()
{ char ch[80];
  int j;long s=0;
  printf("Enter a numeral string\n");  gets(ch);
  for(j=0;ch[j]>'\0';j++)
        s=10*s+ch[j]-'0';
    printf("%ld\n",s);
}
```

如果运行程序时，可以从键盘上输入由数字组成的字符串，则该程序的功能是（　　）。

A. 测字符数组 ch 的长度　　B. 将数字字符串 ch 转换成十进制数

C. 将字符数组中的小写字母转换成大写　　D. 将字符数组中的大写字母转换成小写

9. 若有如下程序：

```
main()
{ char ch[80]="123abcdEFG*&";
  int j;long s=0;
  puts(ch);
  for(j=0;ch[j]>'\0';j++)
    if(ch[j]>='a'&&ch[j]<='z')ch[j]=ch[j]-'b'+'B';
  puts(ch);  }
```

则该程序的功能是（　　）。

A. 测字符数组 ch 的长度　　B. 将数字字符串 ch 转换成十进制数

C. 将字符数组 ch 中的小写字母转换成大写　D. 将字符数组 ch 中的大写字母转换成小写

10. 若有如下程序：

```
main()
{ char ch[80]="123abcdEFG*&";
  int j;long s=0;
  for(j=0;ch[j]>'\0';j++);
  printf("%d\n",j);
}
```

则该程序的功能是（　　）。

A. 测字符数组 ch 的长度

B. 将数字字符串 ch 转换成十进制数

C. 将字符数组 ch 中的小写字母转换成大写

D. 将字符数组 ch 中的大写字母转换成小写

11. 以下程序的输出结果是（　　）。

```
main()
{ char a[10]={'1','2','3',0,'5','6','7','8','9','\0'};
  printf("%s\n",a);
}
```

A. 123　　B. 1230　　C. 123056789　　D. 1230567890

12. 以下程序的输出结果是（　　）。

```
main()
{ char p1[]="abcd",p2[]="efgh",str[50]="ABCDEFG";
  strcat(str,p1);  strcat(str,p2);
  printf("%s",str);
}
```

A. ABCDEFGefghabcd　　B. ABCDEFGefgh

C. abcdefgh　　D. ABCDEFGabcdefgh

13. 以下程序的输出结果是（　　）。

```
#include <stdio.h>
#include <string.h>
main()
{ char str[12]={'s','t','r','i','n','g'};
  printf("%d\n",strlen(str));
}
```

A. 6　　B. 7　　C. 11　　D. 12

14. 设有如下定义语句：

```
static char str [] ="Beijing";
```

则执行语句：

```
printf ("%d\n", strlen (strcpy (str,"China") ) );
```

后的输出结果为（　　）。

A. 5　　B. 7　　C. 12　　D. 14

15. 以下程序输出的结果是（　　）。

```
#include <stdio.h>
main( )
{ char  str[ ]="1a2b3c";  int  i;
  for(i=0;str[i]!='\0';i++)
    if(str[i]<'0' || str[i]>'9')  printf("%c",str[i]);
  printf("\n"); }
```

A. 123456789　　B. 1a2b3c　　C. abc　　D. 123

16. 若有定义语句：char　s [100]，d [100]；int j=0，i=0；，且 s 中已赋字符串，请在划线处选择正确答案填空，以实现将字符串 s 中的内容拷贝到字符串 d 中（注意：不得使用逗号表达式）。

```
while (s [i] ) { d [j] =______; j++; }
d [j] =0;
```

A. s [i]　　B. s [++i]　　C. s [i++]　　D. s [j]

17. 下面程序的功能是（　　）。

```
main()
{ char s[ ]="father";
   int i,j=0;
   for(i=1;i<6;i++)
     if(s[j]>s[i])  j=i;
   printf("%c,%d\n",s[j],j+1);  }
```

A. 输出字符数组 s 中 ASCII 码最大的字符及位置

B. 输出字符数组 s 中 ASCII 码最小的字符及位置

C. 输出字符数组 s 中 ASCII 码最大的字符及字符串的长度

D. 输出字符数组 s 中 ASCII 码最小的字符及字符串的长度

二、填空题

1. 写一个函数，实现两个字符串的比较。例如，自己写一个 strcmp 函数：compare (s1, s2)。如果 s1=s2，返回值为 0，如果 s1≠s2，返回它们二者第一个不同字符的 ASCⅡ 码差值（"BOY"与"BAD"，第二个字母不同，"O" 与 "A" 之差为 79－65＝14）。如果 s1>s2，则输出正值；如果 s1<s2，则输出负值。请填空。

```
compare (char *p1, char *p2)
{   int i;
    i=0;
    while ((1) )
      if (*(p1+i++)==' \0') (2)
    return ( (3) );
}
main ()
{   int m;
    char str1 [20], str2 [20], *p1, *p2;
    printf ("please input string by line: \n");
    scanf ("%s", str1);
    scanf ("%s", str2);
    p1= (4)
    p2= (5)
    m=compare (p1, p2);
    printf ("the result is:%d \n", m);
}
```

2. 输入一个字符串，内有数字和非数字字符，例如：

a123x456 17960? 302tab5876

将其中连续的数字作为一个整数，依次存放到一数组 a 中。例如，123 放在 a [0]，456

放在 a [1]，……。统计共有多少个整数，并输出这些数。请填空。

```
#include <stdio.h>
main ()
 {   char str [80], *pstr;
     int i, j, k, m, e10, digit, ndigit, a [10], *pa;
     printf ("\nplease input the string: \n"); gets (str);
     pstr=&str [0];
     pa=&a [0];
     ndigit=0;
     i=0; j=0;
     while (  (1)  )
      {   if ( (* (pstr+i) >='0') && (* (pstr+i) <='9') ) j++;
         else
          {   if (j>0)
             {   digit= * (pstr+i-1) -48;
                 k=1;
                 while (k<j)
                  {   e10=1;
                     for (m=1; m<=k; m++)
                         e10= (2);
                     digit= (3);
                     k++;
                  }
                 * pa=digit;
                 ndigit++;
                 pa++;
                 j=0;
             }
          }
         i++;
      }
    if (j>0)
    {   digit= * (pstr+i-1) -48;
        k=1;
        while (k<j)
         {   e10=1;
            for (m=1; m<=k; m++) e10=e10 * 10;
            digit=digit+ (* (pstr+i-1-k) -48) * e10;
            k++;
         }
```

```
      * pa=digit;
      (4)
      j=0;
    }
  printf ("there are %d number digit \n", ndigit);
  j=0; pa=&a [0];
  for (j=0; j<ndigit; j++)
       printf ("%d ", * (pa+j) );
  printf ("\n");
}
```

三、编程题

1. 删除所有 * 号。规定输入的字符串中只包含字母和 * 号。编写函数 fun，其功能是：删除字符串中所有的 * 号。编写函数时，不得使用 C 语言提供的字符串函数。字符串中的内容为：****A * BC * DEF * G *******，删除后字符串中的内容应当是：ABCDEFG。

2. 选择删除 * 号。规定输入的字符串中只包含字母和 * 号。请编写函数 fun，其功能是：除了字符串前导的 * 号之外，将字符串中其他 * 号全部删除。在编写函数时，不得使用 C 语言提供的字符串函数。

3. 删除尾部 * 号。规定输入的字符串中只包含字母和 * 号。请编写函数 fun，其功能是：将字符串尾部的 * 号全部删除，前面和中间的 * 号不动。

4. 前导 * 平移到最后。规定输入的字符串中只包含字母和 * 号。请编写函数 fun，其功能是：将字符串中的前导 * 号全部移到字符串的尾部。例如，字符串中的内容为：*******A * BC * DEF * G ****，移动后，字符串中的内容应当是：A * BC * DEF * G ***********。在编写函数时，不得使用 C 语言提供的字符串函数。

5. 删除前后的 * 号。规定输入的字符串中只包含字母和 * 号。请编写函数 fun，其功能是：只删除字符前导和尾部的 * 号，字符串中字母间的 * 号都不删除。形参 n 给出了字符串的长度，形参 h 给出了字符串中前导 * 号的个数，形参 e 给出了字符串中尾部 * 号的个数。在编写函数时，不得使用 C 语言提供的字符串函数。

6. 假定输入的字符串中只包含字母和 * 号。请编写函数 fun，其功能是：除了尾部的 * 号之外，将字符中的其他的 * 号全部删除。形参 p 已指向字符串中最后的一个字母。在编写函数时，不得使用 C 语言提供的字符串函数。

7. 删除中间的 * 号。规定输入的字符串中只包含字母和 * 号。编写函数 fun，其功能是：除了字符串前导和尾部的 * 号外，将字符串中其他的 * 号全部删除。形参 h 已指向字符串中第一个字母，形参 p 指向字符串的中最后一个字母。在编写函数时，不得使用 C 语言提供的字符串函数。例如，若字符串中的内容为 ****A * BC * DEF * G *******，删除后，字符串中的内容应当是：****ABCDEFG *******。在编写函数时，不得使用 C 语言提供的字符串函数。

8. n 个 * 号不删除。规定输入的字符串中只包含字母和 * 号。请编写函数 fun，其功能是：使字符串的前导 * 号不得多于 n 个，若多于 n 个，则删除多余的 * 号；若少于或等 n

个，则不做处理，字符串中间和尾部的 * 号不删除。例如，字符串中的内容为：*******A * BC * DEF * G ****，若 n 的值为 4，删除后，字符串中的内容应当是：****A * BC * DEF * G ****；若 n 的值为 8，则字符串中的内容仍为：*******A * BC * DEF * G ****。n 的值在主函数中输入。在编写函数时，不得使用 C 语言提供的字符串函数。

9. 编写函数 fun，其功能是：实现两个字符串的连接（不要使用库函数 strcat），即把 p2 所指的字符串连接到 p1 所指的字符串的后面。

10. 二维数组连接成一维。请编写函数 fun，该函数的功能是：将放在字符串数组中的 M 个字符串（每串的长度不超过 N），按顺序合并组成一个新的字符串。

参考答案

一、选择题

1～5：D、B、A、B、C

6～10：D、D、B、C、D

11～15：C、D、A、A、C

16～17：C、B

二、填空题

1. （1） *（p1+i）==*（p2+i）

   （2） return（0）；

   （3） *（p1+i）-*（p2+i）

   （4） str1；

   （5） str2；

2. （1） str [i]! ='\0'

   （2） e10 * 10

   （3） digit+（*（pstr+i-1-m）-48）*e10

   （4） ndigit++；

三、编程题

1.
```
#include <stdio.h>
void  fun( char *a )
{   int i,j=0;
    for(i=0;a[i]! ='\0';i++)
      if(a[i]! ='*')   a[j++]=a[i];    /*若不是要删除的字符'*'则留下*/
    a[j]='\0';
}
```

2.
```
#include <stdio.h>
void  fun( char *a )
```

```
{
      int i=0;
      char * p=a;
      while( * p&& * p==' * ')
      {   a[i]= * p;
          i++;
          p++;
 }
 while( * p)
 {
   if( * p! =' * ')
   {a[i]= * p;i++;}
   p++;
 }
   a[i]='\0';
}
```

3. #include <stdio. h>

```
void  fun( char * a )
{   int i,j=0;
      for(i=0;a[i];i++);   /* 求字符个数 */
         for(j=i-1;j>=0;j--)
             if(a[j]! =' * ')break;   /* 找最后一个字母 */
         a[j+1]=0;   /* 在最后一个字母后插入结束标志 */
}
```

4. #include <stdio. h>

```
void  fun( char * a )
{    int i=0,n=0;
      char * p;
      p=a;
      while ( * p==' * ')    /* 判断 * p 是否是 * 号,并统计 * 号的个数 */
      {
          n++;p++;
      }
      while( * p)      /* 将前导 * 号后的字符传递给 a */
      {
          a[i]= * p;i++;p++;
      }
      while(n! =0)
      {
          a[i]=' * ';i++;n--;
```

```
    }
    a[i]='\0';
}
```
5. #include ⟨stdio.h⟩
```
void  fun( char *a, int n,int h,int e )
{
    int i,j=0;
    for(i=h;i<n-e;i++)/*第一个字母和最后一个字母之间的字符全不删除*/
     a[j++]=a[i];
    a[j]='\0';
}
```
6. #include ⟨stdio.h⟩
```
void  fun( char *a, char *p )
{
    char *t=a;
    for(;t<=p;t++)
      if(*t!='*')
         *(a++)=*t;
   for(;*t!='\0';t++)
     *(a++)=*t;
    *a='\0';
}
```
7. #include ⟨stdio.h⟩
```
void  fun( char *a, char *h,char *p )
{   int i=0;
    char *q;
    for(q=a;q<h;q++)
    {   a[i]=*q; i++;}
    for(q=h;q<=p;q++)
         if(*q!='*')
         {   a[i]=*q;
            i++;
         }
    for(q=p+1;*q;q++)
    {   a[i]=*q; i++; }
    a[i]='\0';
}
```
8. void fun(char *a, int n)
```
{   int i=0;
    int k=0;
```

```
        char  * p, * t;
        p=t=a;                  /* 开始时,p 与 t 同时指向数组的首地址 */
        while( * t=='*')        /* 用 k 来统计前部星号的个数 */
        {    k++;t++;   }
        if(k>n)           /* 如果 k 大于 n,则使 p 的前部保留 n 个星号,其后的字符依次存
入数组 a 中 */
        {    while( * p)
           {    a[i]= * (p+k-n);
                i++;
                p++;
           }
         a[i]='\0';
        }
    }
```

9.
```
#include <stdio.h>
void fun(char p1[], char p2[])
{
        int i,j;
        for(i=0;p1[i]! ='\0';i++);
           for(j=0;p2[j]! ='\0';j++)
                p1[i++]=p2[j];
        p1[i]='\0';
}
```

10. "AAAABBBBBBBCC"

```
#include <stdio.h>
#include <conio.h>
#define M 3
#define N 20
void fun(char a[M][N],char  * B.
{    int i,j,k=0;
      for(i=0;i<M;i++)
         for(j=0;a[i][j]! ='\0';j++)
              b[k++]=a[i][j];
      b[k]='\0';
   }
```

第11章 局部变量与全局变量

选择题

1. 以下叙述中正确的是（　　）。

   A. 在C语言中，预处理命令行都以“#”开头

   B. 预处理命令行必须位于C源程序的起始位置

   C. #include〈stdio.h〉必须放在C程序的开头

   D. C语言的预处理不能实现宏定义和条件编译的功能

2. 以下关于宏的叙述中正确的是（　　）。

   A. 宏替换没有数据类型限制

   B. 宏定义必须位于源程序中所有语句之前

   C. 宏名必须用大写字母表示

   D. 宏调用比函数调用耗费时间

3. 有以下程序：

```
#include  〈stdio.h〉
#define  PT  3.5 ;
#define  S (x)   PT * x * x ;
main ()
{  int  a=1, b=2;     printf ("%4.1f \ n", S (a+b) );    }
```

   程序运行后的输出结果是（　　）。

   A. 7.5　　　　B. 31.5

   C. 程序有错无输出结果　　　　D. 14.0

4. 若程序中有宏定义行：

```
#define  N  100
```

   则以下叙述中正确的是（　　）。

   A. 宏定义行中定义了标识符N的值为整数100

   B. 在编译程序对C源程序进行预处理时用100替换标识符N

C. 上述宏定义行实现将 100 赋给标示符 N

D. 在运行时用 100 替换标识符 N

5. 有以下程序：

```
#include <stdio.h>
#define   N   3
void  fun( int  a[][N], int  b[] )
{  int  i, j;
   for( i=0; i<N; i++ )
  {  b[i] = a[i][0];
     for( j=1; j<N; j++ )
     if ( b[i] < a[i][j] )  b[i] = a[i][j];
     }
  }
  main()
  {  int  x[N][N] = {1, 2, 3, 4, 5, 6, 7, 8, 9}, y[N] ,i;
     fun( x, y );
     for ( i=0; i<N; i++ )     printf( "%d,", y[i] );
     printf( "\n" );
  }
```

程序运行后的输出结果是（　　）。

A. 3，5，7　　B. 1，3，5　　C. 2，4，8　　D. 3，6，9

6. 下列选项中，能正确定义数组的语句是（　　）。

A. int num [0...2008];

B. int num [];

C.
```
int N=2008;
int num [N];
```

D.
```
#define N 2008
int num [N];
```

7. 若要求定义具有 10 个 int 型元素的一维数组 a，则以下定义语句中错误的是（　　）。

A.
```
#define  n  5
int  a [2*n];
```

B. int n=10,a[n];

C. int a[5+5];

D.
```
#define  N  10
int  a[N];
```

8. 有以下程序：

```
#include <stdio.h>
#define   N   4
void  fun(int  a[][N], int  b[])
{  int  i;
   for(i=0;i<N;i++)  b[i] = a[i][i];
}
main()
{  int  x[][N]={{1,2,3},{4}, {5,6,7,8},{9,10}}, y[N], i;
   fun(x, y);
```

```
        for (i=0;i<N; i++)   printf("%d,", y[i]);
        printf("\n");
    }
```

程序的运行结果是（　　）。

A. 1，0，7，0　　B. 1，2，3，4　　C. 1，4，5，9　　D. 3，4，8，10

9. 若有以下程序：

```
#include <stdio.h>
#define  N  4
void fun( int  a[][N], int  b[], int  flag )
{  int  i,j;
   for( i=0; i<N; i++ )
   {  b[i] = a[0][i];
      for( j=1; j<N; j++ )
         if(flag? (b[i] > a[j][i]):(b[i] < a[j][i]))  b[i] = a[j][i];
    }
  }
   main()
   {  int  x[N][N]={1, 2, 3, 4, 5, 6, 7, 8, 9,10,11,12,13,14,15,16}, y[N],i;
      fun(x, y, 1);
      for (i=0;i<N; i++)   printf("%d,", y[i]);
      fun(x, y, 0);
      for (i=0;i<N; i++)   printf("%d,", y[i]);
      printf("\n");
   }
```

则程序的输出结果是（　　）。

A. 4，8，12，16，1，5，9，13

B. 1，2，3，4，13，14，15，16

C. 1，5，9，13，4，8，12，16

D. 13，14，15，16，1，2，3，4

10. 若有以下程序：

```
#include <stdio.h>
#define  S (x)   4* (x) *x+1
main ()
{  int  k=5, j=2;
   printf ("%d\n", S (k+j) );
}
```

则程序运行后的输出结果是（　　）。

A. 33　　B. 197　　C. 143　　D. 28

11. 若有以下程序：

```
#include <stdio.h>
```

```
#define  SUB (A. (a) - (a)
main ()
{  int a=2, b=3, c=5, d;
  d=SUB (a+b) *c;
  printf ("%d\n", d);
}
```

则程序运行后的输出结果是（　　）。

A. 0　　B. -12　　C. -20　　D. 10

12. 若有以下程序：

```
#include <stdio.h>
#define f (x) x*x*x
main ()
{
    int a=3, s, t ;
    s=f (a+1);
    t=f ( (a+1) );
    printf ("%d,%d\n", s, t);
  }
```

则程序运行后的输出结果是（　　）。

A. 10，64　　B. 10，10　　C. 64，10　　D. 64，64

13. 若有以下程序：

```
#include <stdio.h>
#define  S (x)   x*x
#define  T (x)   S (x) *S (x)
main ()
{  int  k=5, j=2;
   printf ("%d,%d\n", S (k+j), T (k+j) );
}
```

则程序的输出结果是（　　）。

A. 17，289　　B. 49，2401　　C. 17，37　　D. 49，289

14. 若有以下程序：

```
#include <stdio.h>
#define  S (x)   (x) * (x)
#define  T (x)   S (x) /S (x) +1
main ()
{  int  k=3, j=2;
  printf ("%d,%d\n",   S (k+j), T (k+j) );
}
```

则程序的输出结果是（　　）。

A. 11，2　　B. 25，2　　C. 11，12　　D. 25，26

15. 若有以下程序：

```
#include <stdio.h>
#define  SUB ( X, Y )   (X+1) * Y
main ()
{  int  a=3, b=4;
   printf ("%d \n", SUB (a++ , b++ ) );
}
```

则程序运行后的输出结果是（　　）。

A. 25　　B. 20　　C. 12　　D. 16

16. 若有以下程序：

```
#include <stdio.h>
#define  N  2
#define  M  N+1
#define  NUM  (M+1) * M/2
main ()
{  printf ("%d \n", NUM  );   }
```

则程序运行后的输出结果是（　　）。

A. 4　　B. 8　　C. 9　　D. 6

17. 若有以下程序：

```
#include <stdio.h>
#define  SQR (X)   X * X
main ()
{
   int  a=10, k=2, m=1;
   a /= SQR (k+m) /SQR (k+m);
  printf ("%d \n", a);
}
```

则程序的输出结果是（　　）。

A. 0　　B. 1　　C. 9　　D. 10

18. 以下叙述中正确的是（　　）。

A. 在一个程序中，允许使用任意数量的#include命令行

B. 在包含文件中，不得再包含其他文件

C. #include命令行不能出现在程序文件的中间

D. 虽然包含文件被修改了，包含该文件的源程序也可以不重新进行编译和连接

19. 以下四个程序中，完全正确的是（　　）。

A.
```
#include  <stdio.h>
main ();
{  /*/ programming /*/
   printf ("programming! \n");}
```

B.
```
#include  <stdio.h>
```

```
main ()
    {  /* programming */
       printf ("programming! \n"); }
```
C. #include 〈stdio. h〉
```
main ()
{  /*/* programming */*/
   printf ("programming! \n"); }
```
D. include 〈stdio. h〉
```
main ()
{  /* programming */
   printf ("programming! \n"); }
```
20. 以下叙述中错误的是（　　）。

A. C程序对预处理命令行的处理是在程序执行的过程中进行的

B. 预处理命令行的最后不能以分号表示结束

C. #define　MAX是合法的宏定义命令行

D. 在程序中凡是以"#"开始的语句行都是预处理命令行

21. 下面选项中关于编译预处理的叙述正确的是（　　）。

A. 预处理命令行必须使用分号结尾

B. 凡是以#号开头的行，都被称为编译预处理命令行

C. 预处理命令行不能出现在程序的最后一行

D. 预处理命令行的作用域是到最近的函数结束处

22. 有以下程序段：
```
int  *p;
p= ________malloc ( sizeof ( int ) );
```
若要求使p指向一个int型的动态存储单元，在横线处应填入的是（　　）。

A. (int *)　　B. int　　C. int *　　D. (*int)

参考答案

选择题

1～5：A、A、C、B、D

6～10：D、B、A、B、C

11～15：C、A、C、D、D

16～20：B、B、A、B、A

21～22：B、A

1. 参考答案：A

【解析】预处理命令是以“#”号开头的命令，它们不是C语言的可执行命令，这些命

令应该在函数之外书写，一般在源文件的最前面书写，但不是必须在起始位置书写，所以B、C错误。C语言的预处理能够实现宏定义和条件编译等功能，所以D错误。

2. 参考答案：A

【解析】宏定义写在函数的花括号外边，作用域为其后的程序，通常在文件的最开头，所以B选项中宏定义必须位于源程序中所有语句之前是错误的。宏名一般用大写，但不是必须用大写，所以C选项错误。宏展开不占运行时间，只占编译时间，函数调用占运行时间（分配内存、保留现场、值传递、返回值），所以D选项错误。

3. 参考答案：C

【解析】宏定义不是C语句，末尾不需要有分号，所以语句 printf（″%4.1f \ n″，S（a+b））；展开后为 printf（″%4.1f \ n″，3.5； * a+b * a+b;），所以程序会出现语法错误。

4. 参考答案：B

【解析】本题考查预编译相关知识，宏定义在编译程序时做了一个简单的替换，所以选项B正确。

5. 参考答案：D

【解析】函数 fun（）的作用是求出二维数组 a [] [N] 中每一行中的最大元素，所以在 main（）函数中执行完 fun（x，y）后，数组 y 中的元素为二维数组 x [N] [N] 每一行的最大元素，因此，D选项正确。

6. 参考答案：D

【解析】C语言不允许定义动态数组，定义数组的大小必须为常量表达式。A选项错误，C语言中数组没有此类型的定义方法；B选项错误，定义数组应指明数组大小，如果不指明数组大小，需要给定初值的个数；C选项错误，N为变量，不能用来定义数组大小。因此D选项正确。

7. 参考答案：B

【解析】一维数组的定义方式为：类型说明符 数组名 [常量表达式]；注意定义数组时，元素个数不能是变量。因此应该选B选项。

8. 参考答案：A

【解析】该程序首先在定义变量时，对二维数组 x [] [N] 进行赋值操作；调用函数 fun，函数 fun 的功能是将二维数组中的 a [0] [0]、a [1] [1]、a [2] [2] 和 a [3] [3] 赋值给一维数组；最后将一维数组 1，0，7，0，输出。

9. 参考答案：B

【解析】该题首先初始化二维数组，if（flag ?（b [i] > a [i] [j] ）:（b [i] < a [i] [j] ））条件语句的条件表达式，使用了条件运算符构成的选择结构，即 flag 为真时，以（b [i] > a [i] [j] ）作为条件表达式的值，否则以（b [i] < a [i] [j] ）作为条件表达式的值，fun 函数功能是给一维数组赋值。fun（x，y，1）；该函数调用后，即当 flag 为真时，使一维数组获得二维数组第1行的数值；fun（x，y，0）；该函数调用后，即当 flag 为假时，使一维数组获得二维数组第4行的数值。因此B选项正确。

10. 参考答案：C

【解析】本题考查带参数的宏定义知识，S为带参数的宏定义，运行 S（k+j）为 4 *（k+j） * k+j+1=143，选项C正确。

11. 参考答案：C

【解析】本题考查宏定义知识，宏定义只是做简单的替换，所以本题中 SUB（a+b）*c=（a+b）-（a+b）*c=-20，所以答案为 C 选项。

12. 参考答案：A

【解析】本题考查宏定义的用法，本题中执行 f（a+1）=a+1*a+1*a+1=3*a+1=10，f（（a+1））=（a+1）*（a+1）*（a+1）=64，所以答案为 A 选项。

13. 参考答案：C

【解析】本题考查宏定义相关的知识，本题中执行 S（k+j）=k+j*k+j=17，T（k+j）=S（k+j）*S（k+j）=k+j*k+j*k+j*k+j=37，所以选项 C 正确。

14. 参考答案：D

【解析】本题执行 S（k+j）=（k+j）*（k+j）=25，T（k+j）=S（k+j）/S（k+j）+1=（k+j）*（k+j）/（k+j）*（k+j）+1=26，选项 D 正确。

15. 参考答案：D

【解析】本题执行 SUB（a++，b++）=（a++ +1）*b++=16，选项 D 正确。

16. 参考答案：B

【解析】本题执行 NUM=（N+1+1）*N+1/2=8，选项 B 正确。

17. 参考答案：B

【解析】本题执行 SQR（k+m）/SQR（k+m）=k+m*k+m/ k+m*k+m=15/2，a/= SQR（k+m）/SQR（k+m），结果为 1，选项 B 正确。

18. 参考答案：A

【解析】本题考查预处理中文件包含的概念，包含文件中可以包含其他文件，B 选项错误；#include 可以出现在程序文件的中间，C 选项错误；包含文件被修改了，包含该文件的源程序必须重新进行编译和连接，D 选项错误。所以答案为 A。

19. 参考答案：B

【解析】C 语言中注释语句的注释方法是：/* 注释内容 */ 或 //注释一行，所以 A 选项与 C 选项错误，D 选项中预编译命令 include〈stdio.h〉前丢掉了“#”号。所以选择 B。

20. 参考答案：A

【解析】本题考查预处理命令行的概念，预处理是在程序编译之前进行的，所以 A 选项错误。

21. 参考答案：B

【解析】本题考查预编译处理命令行的知识，预处理命令行不能以分号结尾，所以 A 选项错误，预处理命令行可以出现在程序的最后一行，预处理命令行作用域是整个文件。

22. 参考答案：A

【解析】本题考查 malloc 函数的概念，题目中要求 p 指向一个 int 型的动态存储单元，那么就应该将分配的存储单元转化为 int，所以选项 A 正确。

第12章 结构体与共用体

选择题

1. 以下叙述中错误的是（　　）。

    A. 可以通过 typedef 增加新的类型

    B. 可以用 typedef 将已存在的类型用一个新的名字来代表

    C. 用 typedef 定义新的类型名后，原有类型名仍有效

    D. 用 typedef 可以为各种类型起别名，但不能为变量起别名

2. 以下关于 typedef 的叙述错误的是（　　）。

    A. 用 typedef 可以增加新类型

    B. typedef 只是将已存在的类型用一个新的名字来代表

    C. 用 typedef 可以为各种类型说明一个新名，但不能用来为变量说明一个新名

    D. 用 typedef 为类型说明一个新名，通常可以增加程序的可读性

3. 若有以下语句：

```
typedef struct S
{ int g;  char h;  } T;
```

则以下叙述中正确的是（　　）。

    A. 可用 S 定义结构体变量

    B. 可用 T 定义结构体变量

    C. S 是 struct 类型的变量

    D. T 是 struct S 类型的变量

4. 设有以下语句：

```
typedef struct TT
{ char c;  int a[4]; } CIN;
```

则下面叙述中正确的是（　　）。

    A. CIN 是 struct TT 类型的变量

    B. TT 是 struct 类型的变量

C. 可以用 TT 定义结构体变量

D. 可以用 CIN 定义结构体变量

5. 以下叙述中错误的是（　　）。

A. 可以用 typedef 将已存在的类型用一个新的名字来代表

B. 可以通过 typedef 增加新的类型

C. 用 typedef 定义新的类型名后，原有类型名仍有效

D. 用 typedef 可以为各种类型起别名，但不能为变量起别名

6. 若有定义：

```
typedef  int *  T;
T  a [10];
```

则 a 的定义与下面哪个语句等价（　　）。

A. int　(* a) [10];

B. int　* a [10];

C. int　* a;

D. int　a [10];

7. 若有定义：

```
typedef  char  T [10];
T  * a;
```

则上述定义中 a 的类型与下面选项中完全相同的是（　　）。

A. char　a [10];

B. char　(* a) [10];

C. char　* a;

D. char　* a [10];

8. 以下结构体说明和变量定义中，正确的是（　　）。

A. typedef struct abc { int　n; double　m; } ABC;
　ABC　x, y;

B. struct　abc { int　n; double　m };
　struct　abc　x, y;

C. struct　ABC { int　n; double　m; }
　struct　ABC　x, y;

D. struct　abc { int　n; double　m; };
　abc　x, y;

9. 以下叙述中正确的是（　　）。

A. 使用 typedef 说明新类型名时，其格式是：typedef 新类型名 原类型名；

B. 在程序中，允许用 typedef 来说明一种新的类型名

C. 使用 typedef 说明新类型名时，后面不能加分号

D. 在使用 typedef 改变原类型的名称后，只能使用新的类型名

10. 以下叙述中正确的是（　　）。

A. 使用 typedef 定义新类型名后，新类型名与原类型名实际上是等价的

B. 结构体类型中的各个成分均不能是数组或指针

C. 结构体类型的变量，不能在声明结构体类型组成时一起定义

D. 元素为结构体类型的数组，只能在声明过结构体类型之后，单独进行定义

11. 以下叙述中错误的是（　　）。

A. 用 typedef 可以说明一种新的类型名

B. typedef 的作用是用一个新的标识符来代表已存在的类型名

C. 可以用 typedef 说明的新类型名来定义变量

D. typedef 说明的新类型名必须使用大写字母，否则会出编译错

12. 有以下程序：

```
#include <stdio.h>
main()
{
  struct STU {  char  name[9];  char  sex;  double  score[2];  };
  struct STU  a={"Zhao", 'm', 85.0, 90.0}, b={"Qian", 'f', 95.0, 92.0};
  b=a;
  printf("%s,%c,%2.0f,%2.0f\n", b.name, b.sex, b.score[0], b.score[1]);
}
```

程序的运行结果是（　　）。

A. Qian，m，85，90　　　　B. Zhao，m，85，90

C. Zhao，f，95，92　　　　D. Qian，f，95，92

13. 以下关于 C 语言数据类型使用的叙述中错误的是（　　）。

A. 若要处理如“人员信息”等含有不同类型的相关数据，应自定义结构体类型

B. 若要保存带有多位小数的数据，可使用双精度类型

C. 若只处理“真”和“假”两种逻辑值，应使用逻辑类型

D. 整数类型表示的自然数是准确无误差的

14. 以下结构体类型说明和变量定义中正确的是（　　）。

A.
```
struct  REC ;
  { int  n;  char  c; };
  REC  t1, t2;
```

B.
```
typedef struct
  { int  n;  char  c; } REC;
  REC  t1, t2;
```

C.
```
typedef struct  REC;
  { int  n=0;  char  c=' A'; } t1, t2;
```

D.
```
struct
  { int  n;  char  c; } REC;
  REC  t1, t2;
```

15. 以下叙述中正确的是（　　）。

A. 结构体类型中各个成分的类型必须是一致的

B. 结构体类型中的成分只能是 C 语言中预先定义的基本数据类型

C. 在定义结构体类型时，编译程序就为它分配了内存空间

D. 一个结构体类型可以由多个称为成员（或域）的成分组成

16. 下面结构体的定义语句中，错误的是（　　）。

A. struct ord {int x; int y; int z;} struct ord a;

B. struct ord {int x; int y; int z;}; struct ord a;

C. struct ord {int x; int y; int z;} a;

D. struct {int x; int y; int z;} a;

17. 设有定义：

```
struct complex
{ int real, unreal;} data1= {1, 8}, data2;
```

则以下赋值语句中错误的是（　　）。

A. data2= (2, 6);　　B. data2=data1;

C. data2. real=data1. real;　　D. data2. real=data1. unreal;

18. 有以下程序：

```
#include <stdio.h>
#include <string.h>
struct A
{
    int a;
    char b[10];
    double c;
};
struct A f(struct A t);
main()
{
    struct A a={1001,"ZhangDa",1098.0};
    a=f(a);
    printf("%d,%s,%6.1f\n",a.a,a.b,a.c);
}
struct A f(struct A t)
{
    t.a=1002;
    strcpy(t.b,"ChangRong");
    t.c=1202.0;
    return t;
}
```

程序运行后的输出结果是（　　）。

A. 1002，ZhangDa，1202.0　　B. 1002，ChangRong，1202.0

C. 1001，ChangRong，1098.0　　D. 1001，ZhangDa，1098.0

19. 有以下程序段：

```
struct st
{ int x; int *y; } *pt;
int a [] = {1, 2}, b [] = {3, 4};
```

```
struct st  c [2] = {10, a, 20, b};
pt=c;
```

以下选项中表达式的值为 11 的是（　　）。

A. ++pt->x　　　　B. pt->x

C. *pt->y　　　　D. (pt++)->x

20. 有以下程序：

```
#include <stdio.h>
struct S {  int  n;   int  a [20];   };
void f (int  *a, int  n)
{
    int  i;
    for (i=0; i<n-1; i++)
        a [i] +=i;
}
main ()
{
    int  i;
    struct S  s= {10, {2, 3, 1, 6, 8, 7, 5, 4, 10, 9} };
    f (s.a, s.n);
    for (i=0; i<s.n; i++)
        printf ("%d,", s.a [i] );
}
```

程序运行后的输出结果是（　　）。

A. 2,3,1,6,8,7,5,4,10,9　　　　B. 3,4,2,7,9,8,6,5,11,10

C. 2,4,3,9,12,12,11,11,18,9　　　　D. 1,2,3,6,8,7,5,4,10,9

21. 有以下程序：

```
#include <stdio.h>
#include <string.h>
typedef  struct {  char name [9];  char sex;  float score [2];  } STU;
void  f (STU A)
{
    STU  b= {"Zhao", ' m', 85.0, 90.0};
    int  i;
    strcpy (a.name, b.name);
    a.sex = b.sex;
    for (i=0; i<2; i++)
        a.score [i] = b.score [i];
}
main ()
{
```

```
    STU   c= {"Qian", 'f', 95.0, 92.0};
    f (c);
    printf ("%s,%c,%2.0f,%2.0f\n", c.name, c.sex, c.score [0], c.score [1] );
}
```

程序的运行结果是（　　）。

A. Zhao，m，85，90　　　　B. Qian，m，85，90

C. Zhao，f，95，92　　　　D. Qian，f，95，92

22. 有以下程序：

```
#include <stdio.h>
#include <string.h>
struct  A
{
    int a;
    char b [10];
    double c;
};
void f (struct A t);
main ()
{
    struct A a= {1001,"ZhangDa", 1098.0};
    f (a);
    printf ("%d,%s,%6.1f\n", a.a, a.b, a.c);
}
void f (struct A t)
{
  t.a=1002;
  strcpy (t.b,"ChangRong");
  t.c=1202.0;
}
```

程序运行后的输出结果是（　　）。

A. 1002，ZhangDa，1202.0　　　　B. 1002，ChangRong，1202.0

C. 1001，ChangRong，1098.0　　　　D. 1001，ZhangDa，1098.0

23. 有以下定义和语句：

```
struct workers
{ int num; char name[20]; char c;
  struct
  { int day; int month; int year;} s;
};
struct workers  w, * pw;
pw=&w;
```

能给 w 中 year 成员赋 1980 的语句是（　　）。

A. pw->year=1980;　　B. w. year=1980;

C. w. s. year=1980;　　D. * pw. year=1980;

24. 有以下程序：

```
#include <stdio.h>
struct  tt
{  int   x; struct   tt * y; } * p;
struct tt   a[4]={20,a+1,15,a+2,30,a+3,17,a};
main()
{  int   i;
   p=a;
   for(i=1; i<=2; i++)  { printf("%d,", p->x );   p=p->y; }
}
```

程序的运行结果是（　　）。

A. 20，30　　B. 30，17　　C. 15，30　　D. 20，15

25. 设有定义：

```
struct   {char   mark [12]; int   num1; double   num2;}   t1, t2;
```

若变量均已正确赋初值，则以下语句中错误的是（　　）。

A. t1=t2;　　B. t2. num1=t1. num1;

C. t2. mark=t1. mark;　　D. t2. num2=t1. num2;

26. 有以下程序：

```
#include <stdio.h>
#include <string.h>
struct  A
{ int a; char b[10]; double c;};
void f(struct A t);
main()
{ struct A a={1001,"ZhangDa",1098.0};
  f(a); printf("%d,%s,%6.1f\n", a.a,a.b,a.c);
}
void f(struct A t)
{ t.a=1002; strcpy(t.b,"ChangRong"); t.c=1202.0;}
```

程序运行后的输出结果是（　　）。

A. 1002，ZhangDa，1202.0　　B. 1002，ChangRong，1202.0

C. 1001，ChangRong，1098.0　　D. 1001，ZhangDa，1098.0

27. 有以下程序：

```
#include <stdio.h>
#include <string.h>
typedef  struct {  char name [9];   char sex;   float score [2];   } STU;
STU  f (STU A)
```

```
{  STU   b= {"Zhao", ' m', 85.0, 90.0};        int   i;
   strcpy (a.name, b.name);
   a.sex = b.sex;
   for (i=0; i<2; i++)    a.score [i] = b.score [i];
   return   a;
}
main ()
{  STU   c= {"Qian", ' f', 95.0, 92.0}, d;
   d=f (c);
   printf ("%s,%c,%2.0f,%2.0f\n", d.name, d.sex, d.score [0], d.score [1] );
}
```

程序的运行结果是（　　）。

A. Zhao，m，85，90　　　B. Qian，m，85，90

C. Qian，f，95，92　　　D. Zhao，f，95，92

28. 若有以下程序：

```
#include <stdio.h>
#include <stdlib.h>
#include <string.h>
struct stu {
   char   * name, gender;
   int   score;
};
main ()
{
   struct stu   a= {NULL, ' m', 290}, b;
   a.name= (char * ) malloc (10);
   strcpy (a.name, "Zhao");
   b = a;    b.gender = ' f';    b.score = 350;
   strcpy (b.name, "Qian");
   printf ( "%s,%c,%d,", a.name, a.gender, a.score );
   printf ( "%s,%c,%d\n", b.name, b.gender, b.score );
}
```

则程序的输出结果是（　　）。

A. Zhao，m，290，Zhao，f，350　　B. Zhao，m，290，Qian，f，350

C. Qian，f，350，Qian，f，350　　D. Qian，m，290，Qian，f，350

29. 若有以下程序：

```
#include <stdio.h>
#include <stdlib.h>
#include <string.h>
typedef struct stu {
```

```
    char  * name, gender;
    int  score;
} STU;
void f(char  * p)
{
   p=(char * )malloc(10);
   strcpy(p, "Qian");
}
main()
{
    STU  a={NULL, 'm', 290}, b;
    a. name=(char * )malloc(10);
    strcpy( a. name, "Zhao" );
    b = a;
    f(b. name);
    b. gender = 'f';   b. score = 350;
    printf("%s,%c,%d,", a. name, a. gender, a. score);
    printf("%s,%c,%d\n", b. name, b. gender, b. score);
}
```

则程序的输出结果是（　　）。

A. Zhao, m, 290, Qian, f, 350　　B. Zhao, m, 290, Zhao, f, 350

C. Qian, f, 350, Qian, f, 350　　D. Qian, m, 290, Qian, f, 350

30. 若有以下程序：

```
#include <stdio.h>
typedef  struct stu {
     char  name[10], gender;
     int  score;
} STU;
void  f(STU  a, STUB)
{    b = a;
     printf( "%s,%c,%d,", b. name, b. gender, b. score );
}
main()
{    STU  a={"Zhao", 'm', 290}, b={"Qian", 'f', 350};
     f(a,b);
     printf("%s,%c,%d\n", b. name, b. gender, b. score);
}
```

则程序的输出结果是（　　）。

A. Qian, f, 350, Qian, f, 350

B. Zhao, m, 290, Zhao, m, 290

C. Zhao, m, 290, Qian, f, 350

D. Zhao, m, 290, Zhao, f, 350

31. 若有以下程序段：

```
struct  st { int n; struct st * next; };
struct st a [3] = { 5, &a [1], 7, &a [2], 9,' \0' },    * p;
p=&a [0];
```

则以下选项中值为 6 的表达式是（　　）。

A. p－＞n　　　　B. （＊p）.n

C. p－＞n＋＋　　　　D. ＋＋（p－＞n）

32. 设有如下的说明和定义：

```
struct {
    int a;
    char * s;
} x, * p = &x;
x.a = 4;
x.s = "hello";
```

则以下叙述中正确的是（　　）。

A. （p＋＋）－＞a 与 p＋＋－＞a 都是合语法的表达式，但二者不等价

B. 语句 ＋＋p－＞a；的效果是使 p 增 1

C. 语句 ＋＋p－＞a；的效果是使成员 a 增 1

D. 语句 ＊p->s＋＋；等价于（＊p）->s＋＋；

33. 有以下程序：

```
#include <stdio.h>
struct  S { int  a; int  b; };
main ()
{   struct  S  a, * p=&a;
    a.a=99;
    printf ("%d\n", ______);
}
```

程序要求输出结构体中成员 a 的数据，以下不能填入横线处的内容是（　　）。

A. a.a　　　　B. ＊p.a　　　　C. p－＞a　　　　D. （＊p）.a

34. 有以下结构体说明、变量定义和赋值语句：

```
struct STD
{   char  name [10];
    int  age;
    char  sex;
} s [5], * ps;
ps=&s [0];
```

则以下 scanf 函数调用语句有错误的是（　　）。

A. scanf ("%s", s [0] . name);　　B. scanf ("%d", &s [0] . age);

C. scanf ("%c", & (ps->sex));D. scanf ("%d", ps->age);

35. 有以下程序：

```
#include <stdio.h>
struct ord
{  int  x, y; } dt [2] = {1, 2, 3, 4};
main ()
{
   struct ord  *p=dt;
   printf ("%d,", ++ (p->x) );
   printf ("%d\n", ++ (p->y) );
}
```

程序运行后的输出结果是（　　）。

A. 3，4　　B. 4，1　　C. 2，3　　D. 1，2

36. 有以下程序：

```
#include  <stdio.h>
struct  S
{  int  a,  b; } data[2]={10,100,20,200};
main()
{  struct  S  p=data[1];
   printf("%d\n", ++(p.a) );
}
```

程序运行后的输出结果是（　　）。

A. 10　　B. 11　　C. 20　　D. 21

37. 有以下程序：

```
#include <stdio.h>
struct  tt
{  int  x; struct  tt *y; } *p;
struct tt  a [4] = {20, a+1, 15, a+2, 30, a+3, 17, a};
main ()
{  int  i;
    p=a;
    for (i=1; i<=2; i++)   { printf ("%d,", p->x );   p=p->y; }
}
```

程序的运行结果是（　　）。

A. 20，30　　B. 30，17　　C. 15，30　　D. 20，15

38. 有以下结构体说明、变量定义和赋值语句：

```
struct STD
{  char  name[10];
   int  age;
```

```
    char  sex;
} s[5], *ps;
ps=&s[0];
```

则以下 scanf 函数调用语句有错误的是（　　）。

A. scanf ("%s", s [0] . name);　　B. scanf ("%d", &s [0] . age);

C. scanf ("%c", & (ps->sex));D. scanf ("%d", ps->age);

39. 有以下程序：

```
# include  <stdio.h>
typedef struct { int  b, p; } A;
void f(A  C.  /*  注意:c是结构变量名  */
{ int  j;
  c.b += 1;  c.p+=2;
}
main()
{ int  i;
  A  a={1,2};
  f(a);
  printf("%d,%d\n", a.b, a.p);
}
```

程序运行后的输出结果是（　　）。

A. 2,4　　B. 1,2　　C. 1,4　　D. 2,3

40. 有以下程序：

```
#include  <stdio.h>
struct S {int  n;  int  a [20];  };
void f (struct S  *p)
{  int  i, j, t;
   for (i=0; i<p->n-1; i++)
     for (j=i+1; j<p->n; j++)
     if (p->a [i] > p->a [j] ) {t=p->a [i]; p->a [i] =p->a [j]; p->a [j] =t;}
}
main ()
{  int  i;   struct S  s= {10, {2, 3, 1, 6, 8, 7, 5, 4, 10, 9} };
   f (&s);
   for (i=0; i<s.n; i++) printf ("%d,", s.a [i] );
}
```

程序运行后的输出结果是（　　）。

A. 2, 3, 1, 6, 8, 7, 5, 4, 10, 9

B. 10, 9, 8, 7, 6, 5, 4, 3, 2, 1

C. 1, 2, 3, 4, 5, 6, 7, 8, 9, 10

D. 10, 9, 8, 7, 6, 1, 2, 3, 4, 5

41. 有以下程序：

```
#include  <stdio.h>
#include  <string.h>
typedef  struct { char  name[9];  char  sex;  int  score[2];  } STU;
STU  f (STU  a)
{   STU  b={"Zhao", 'm', 85, 90};
    int  i;
    strcpy( a.name, b.name );
    a.sex = b.sex;
    for ( i=0; i<2; i++ )  a.score[i] = b.score[i];
    return  a;
}
main()
{   STU  c= { "Qian", 'f', 95, 92 }, d;
    d = f(c);
    printf ("%s,%c,%d,%d,", d.name, d.sex, d.score[0], d.score[1]);
    printf ("%s,%c,%d,%d\n", c.name, c.sex, c.score[0], c.score[1]);
}
```

程序运行后的输出结果是（　　）。

A. Zhao，m，85，90，Qian，f，95，92

B. Zhao，m，85，90，Zhao，m，85，90

C. Qian，f，95，92，Qian，f，95，92

D. Qian，f，95，92，Zhao，m，85，90

42. 以下叙述中正确的是（　　）。

A. 结构体数组名不能作为实参传给函数

B. 结构体变量的地址不能作为实参传给函数

C. 结构体中可以含有指向本结构体的指针成员

D. 即使是同类型的结构体变量，也不能进行整体赋值

43. 以下叙述中正确的是（　　）。

A. 函数的返回值不能是结构体类型

B. 在调用函数时，可以将结构体变量作为实参传给函数

C. 函数的返回值不能是结构体指针类型

D. 结构体数组不能作为参数传给函数

44. 以下叙述中错误的是（　　）。

A. 只要类型相同，结构体变量之间可以整体赋值

B. 函数的返回值类型不能是结构体类型，只能是简单类型

C. 可以通过指针变量来访问结构体变量的任何成员

D. 函数可以返回指向结构体变量的指针

45. 为了建立如图所示的存储结构（即每个结点含两个域，data 是数据域，next 是指向结点的指针域)，则在______处应填入的选项是（　　）。

Struct link { char data; ______ } node;

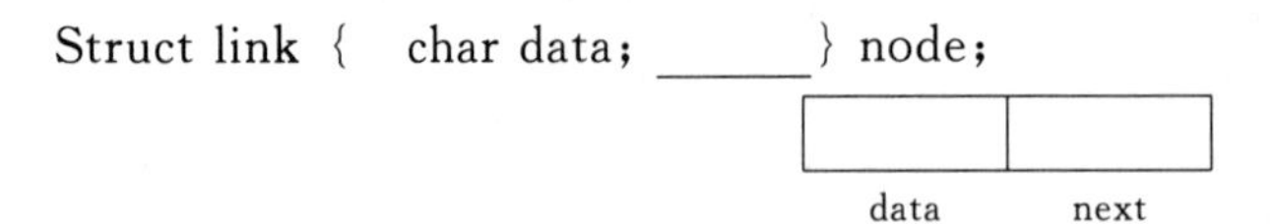

A. link next; B. struct link * next;

C. link * next; D. struct link next;

46. 若已建立以下链表结构，指针 p、s 分别指向如图所示结点：

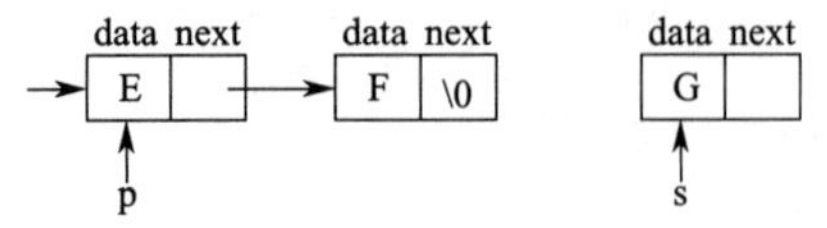

则不能将 s 所指结点插入到链表末尾的语句组是（ ）。

A. p=p->next; s->next=p; p->next=s;

B. s->next='\0'; p=p->next; p->next=s;

C. p=p->next; s->next=p->next; p->next=s;

D. p=(*p).next; (*s).next=(*p).next; (*p).next=s;

47. 程序中已构成如图所示的不带头结点的单向链表结构，指针变量 s、p、q 均已正确定义，并用于指向链表结点，指针变量 s 总是作为指针指向链表的第一个结点。

s → [a |] → [b |] → [c | NULL]

若有以下程序段：

```
q=s; s=s->next;  p=s;
while (p->next) p=p->next;
p->next=q;   q->next=NULL;
```

则该程序段实现的功能是（ ）。

A. 删除尾结点 B. 尾结点成为首结点

C. 删除首结点 D. 首结点成为尾结点

48. 假定已建立以下链表结构，且指针 p 和 q 已指向如图所示的结点：

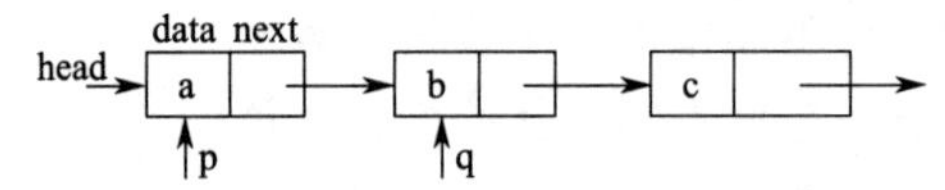

则以下选项中可将 q 所指结点从链表中删除，并释放该结点的语句组是（ ）。

A. p->next=q->next; free (q);

B. p=q->next; free (q);

C. p=q; free (q);

D. (*p).next=(*q).next; free (p);

参考答案

选择题

1～5：A、A、B、D、B

6～10：B、D、A、B、A

11～15：D、B、C、B、D

16～20：A、A、B、A、C

21～25：D、D、C、D、C

26～30：D、A、D、B、C

31～35：D、C、B、D、C

36～40：D、D、D、B、C

41～45：A、C、B、B、B

46～48：A、D、A

1. 参考答案：A

【解析】关键字 typedef 的作用只是将 C 语言中的已有的数据类型进行了置换，并不是增加新的类型，所以 A 选项错误。

2. 参考答案：A

【解析】typedef 并不是增加了新类型，而是用一个新名字替代已存在的类型，不能为变量说明一个新名，使用 typedef 可以增强移植性，所以 A 选项错误。

3. 参考答案：B

【解析】本题考查 typedef 重新声明一种结构体类型，T 为结构体类型，而不是结构体变量，所以 B 选项正确。

4. 参考答案：D

【解析】本题也是考查 typedef 重新声明一种结构体类型，其中 CIN 为结构体类型名，而不是结构体变量，所以 D 选项正确。

5. 参考答案：B

【解析】本题考查 typedef 的用法，typedef 并不是增加一种新的类型，而是对已存在的类型用一个新的名字来代表，所以 B 选项错误。

6. 参考答案：B

【解析】本题考查 typedef 的使用方法，typedef 对已存在的类型使用一个新的名字，其中本题中 int * 用 T 来代替，所以定义"T a [10];"就相当于是"int *a [10];"，选项 B 正确。

7. 参考答案：D

【解析】本题 typedef 对已存在的类型使用一个新的名字，选项 D 正确。

8. 参考答案：A

【解析】本题 typedef 也是对已存在的类型使用一个新的名字，选项 A 中 ABC 为新的类型别名，定义正确。

9. 参考答案：B

【解析】本题选项 A 的新类型名应该在原类型名之后，C 选项中后面要加分号，D 选项中可以使用原类型名，所以 B 选项正确。

10. 参考答案：A

【解析】本题结构体类型中的成分可以是数组和指针，所以 B 选项错误，结构体类型的变量可以在声明结构体的时候一起定义，C 选项错误，D 选项中可以一起定义，也错误，所以 A 选项正确。

11. 参考答案：D

【解析】本题新类型可以使用小写，所以 D 选项错误。

12. 参考答案：B

【解析】本题考查结构体初始化操作，本题中可以直接将结构体 a 赋值给 b，所以输出的结果和 a 一样，选项 B 正确。

13. 参考答案：C

【解析】C 语言中没有逻辑类型，所以 C 错误　若要保存带有多位小数的数据，可以用单精度类型也可以用双精度类型　处理包含不同类型的相关数据可以定义为结构体类型　整数类型可以无误差地表示自然数

14. 参考答案：B

【解析】本题考查结构体的相关知识，选项 A 中 struct REC 后面不能有分号，C 选项中 typedef struct　REC 的后面也不能有分号，选项 D 中 REC 已经是结构体变量，不能当作结构体类型来使用。

15. 参考答案：D

【解析】本题考查结构体类型，结构体类型中的成分可以是结构体，所以 B 选项错误，定义结构体时编译程序并不会给它分配内存空间，所以 C 选项错误，结构体中各个成分的类型可以是不一样的，所以 A 选项错误。

16. 参考答案：A

【解析】A 选项中的 struct　ord　{int　x；int　y；int　z；} struct　ord　a；错误，不能在定义结构体的同时，又用结构体类型名定义变量，应该写成 B 选项或者 D 选项的格式。

17. 参考答案：A

【解析】A 选项中可以在声明变量的同时为 data2 赋值，但是“data2＝（2，6）；”应写作“data2＝{2，6}”。所以应选择 A。

18. 参考答案：B

【解析】本题考查结构体变量的引用以及作为函数参数的知识，题目虽然看似复杂，其实比较容易，f 函数的参数是结构体变量，然后对参数重新赋值并返回，所以该题目的答案为 B 选项。

19. 参考答案：A

【解析】本题考查结构体数组初始化以及结构体变量的引用，题目中定义了一个结构体数组 c 并初始化，指针 pt 指向 c 的第一个元素，那么 pt－>x 为 10，＋＋pt－>x 为 11，＊pt－>y 为 1，（pt＋＋）－>x 为 20，所以答案为 A。

20. 参考答案：C

【解析】题目中定义了一个结构体类型 S，然后定义了一个结构体变量 s 并初始化，执行 f 函数后，将 s 中元素 a 的每个元素都加上 i，这里需要主要，最后一个元素没有加 i，所以最终答案为 C 选项。

21. 参考答案：D

【解析】本题考查结构体的相关操作以及传值、传址的区别，该题中调用 f 函数后，会生成参数 c 的一个副本，而不会改变 c 的值，所以 c 值维持原值，选项 D 正确。

22. 参考答案：D

【解析】本题也是考查结构体的相关操作以及传值、传址的区别，该题中调用 f 函数后，会生成参数 a 的一个副本，而不会改变 a 的值，所以 a 值维持原值，选项 D 正确。

23. 参考答案：C

【解析】本题考查结构体变量的引用，题目中定义了一个结构体，其中结构体中的变量又是一个结构体，w 为外层结构体，如果给内层结构体赋值，则先要得到内层结构体变量，即 w. s，若要给 year 赋值，表示为 w. s. year 即可，选项 C 正确。

24. 参考答案：D

【解析】本题考查结构体变量的引用以及结构体数组，p 指向 a 数组的第一个元素，所以 p－＞x 为 20，然后 p＝p－＞y，p 指向数组 a 的第二个元素，所以输出 15，选项 D 正确。

25. 参考答案：C

【解析】本题 C 选项中 mark 为结构体中的数组，不能直接赋值，所以 C 选项错误。

26. 参考答案：D

【解析】本题中调用 f 函数后，会生成参数 a 的一个副本，而不会改变 a 的值，所以 a 值维持原值，选项 D 正确。

27. 参考答案：A

【解析】本题中调用 f 函数后，会返回计算 a 值，选项 A 正确。

28. 参考答案：D

【解析】本题中 a 结构体中的 name 被修改为 Qian，所以本题答案为 D。

29. 参考答案：B

【解析】本题中 a 的 name 为 Zhao，b 执行函数 f（b. name）后，b 的 name 并没有改变，还是 Zhao，所以答案为 B 选项。

30. 参考答案：C

【解析】本题中调用 f 函数后，会首先输出被重新复制的 b 值，且与 a 相同，而执行完 f 函数后，b 值并不会改变，还是维持原值，所以选项 C 正确。

31. 参考答案：D

【解析】本题中 a 为定义的结构体数组，D 选项中 p－＞n 为 5，＋＋（p－＞n）为 6，所以 D 选项正确。

32. 参考答案：C

【解析】本题中，＋＋p－＞a 的效果是使成员 a 增 1，p＋＋－＞a 不合法，＊p－＞s＋＋为字符 e，与（＊p）－＞s＋＋不等价，所以 C 选项正确。

33. 参考答案：B

【解析】本题中要求输出结构体中成员 a 的数据，p 为指针，＊p 为结构体变量，那么＊p. a 可以表示为结构体中成员 a 的数据。

34. 参考答案：D

【解析】本题考查结构体的相关知识，题目中需要输入一个变量，scanf 要求参数为指针，而 D 选项中 ps－＞age 为一个变量，不是指针，所以错误。

35. 参考答案：C

【解析】本题考查结构体数组的相关操作，dt 为结构体数组，那么指针 p 指向了结构体数组的一个元素，所以 p－＞x 为 1，p－＞y 为 2，结果为 2、3，选项 C 正确。

36. 参考答案：D

【解析】声明 data 是结构 S 数组，初始化 data［0］. a＝10；data［0］. b＝100；data［1］. a＝20；data［1］. b＝200。主函数中 p＝data［1］；即 p. a＝data［1］. a；p. b＝data［1］. b；执行语句 printf（"%d \ n"，＋＋（p. a））；打印输出时 p. a 先增 1 再打印。p. a ＝ data［1］. a＝20，先增 1 等于 21。

37. 参考答案：D

【解析】本题考查结构体变量的引用以及结构体数组，p 指向 a 数组的第一个元素，所以 p－＞x 为 20，然后 p＝p－＞y 后，p 指向数组 a 的第二个元素，所以输出 15，选项 D 正确。

38. 参考答案：D

【解析】本题考查结构体的相关知识，题目中需要输入一个变量，scanf 要求参数为指针，而 D 选项中 ps－＞age 为一个变量，不是指针，所以错误。

39. 参考答案：B

【解析】结构体变量可以作为函数的参数和返回值。作为函数的实参时，可以实现函数的传值调用；当使用结构体变量作为函数的形参时，实参也应该是结构体变量名以实现传值调用，实参将拷贝副本给形参，在被调用函数中改变形参值对于调用函数中的实参没有影响，所以选择 B。

40. 参考答案：C

【解析】本题的子函数 f 的功能是对结构体变量 s 中第二个成员数组所有的数据，进行从小到大的冒泡排序，所以结果是 C。

41. 参考答案：A

【解析】本题考查的是函数调用时的参数传递问题。程序在调用函数 f 时，传给函数 f 的参数只是结构变量 c 在栈中的一个拷贝，函数 f 所做所有操作只是针对这个数据拷贝进行的修改，这些都不会影响变量 c 的值，所以答案选择 A。

42. 参考答案：C

【解析】当结构体变量作为函数参数时，结构体变量的地址可以作为参数传给函数，结构体数组名就是一个地址，可以传给函数，如果是同类型的结构体变量，可以整体赋值，所以本题选择 C。

43. 参考答案：B

【解析】当结构体变量作为函数参数时，函数返回可以是结构体类型，也可以是结构体类型的指针，结构体数组可以作为参数传给函数，所以本题选择 B。

44. 参考答案：B

【解析】本题考查结构体相关知识，函数返回值可以是结构体，所以 B 选项错误。

45. 参考答案：B

【解析】本题主要考查链表中结点的概念，属于基础知识，其中指针域应该是指向下个结点，所以答案为 B。

46. 参考答案：A

【解析】本题考查向链表中插入结点的知识，A 选项语句错误，不能够实现在链表末尾插入。

47. 参考答案：D

【解析】本题考查链表的操作知识，本题中首先是 s 指向了它的下个结点，题目中说明了 s 总是指向链表的第一个结点，然后 while 循环找到链表的最后一个元素，最后一个元素指向了之前链表的头结点，之前的头结点指向了空结点，所以本题实现的效果是使首结点成为尾结点，选项 D 正确。

48. 参考答案：A

【解析】本题考查删除链表中结点操作的知识，其方法是将要删除结点的上个点，指向要删除结点的下个结点，然后释放该要删除结点，所以选项 A 正确。

第13章 文件

选择题

1. 下列关于C语言文件的叙述中正确的是（　　）。
   A. 文件由一系列数据依次排列组成，只能构成二进制文件
   B. 文件由结构序列组成，可以构成二进制文件或文本文件
   C. 文件由数据序列组成，可以构成二进制文件或文本文件
   D. 文件由字符序列组成，其类型只能是文本文件
2. 下面选项中关于“文件指针”概念的叙述正确的是（　　）。
   A. 文件指针是程序中用FILE定义的指针变量
   B. 文件指针就是文件位置指针，表示当前读写数据的位置
   C. 文件指针指向文件在计算机中的存储位置
   D. 把文件指针传给fscanf函数，就可以向文本文件中写入任意的字符
3. 以下叙述中正确的是（　　）。
   A. 当对文件的读（写）操作完成之后，必须将它关闭，否则可能导致数据丢失
   B. 打开一个已存在的文件并进行了写操作后，原有文件中的全部数据必定被覆盖
   C. 在一个程序中当对文件进行了写操作后，必须先关闭该文件然后再打开，才能读到第1个数据
   D. C语言中的文件是流式文件，因此只能顺序存取数据
4. 有以下程序：

```
#include  <stdio.h>
main ()
{   FILE  *fp;      int  a [10] = {1, 2, 3}, i, n;
    fp = fopen ("d1.dat", "w");
    for (i=0; i<3; i++)    fprintf (fp, "%d", a [i] );
    fprintf (fp, "\n");
    fclose (fp);
```

```
    fp = fopen ("d1.dat", "r");
    fscanf (fp, "%d", &n);
    fclose (fp);
    printf ("%d\n", n);
}
```

程序的运行结果是（　　）。

A. 321　　B. 12300　　C. 1　　D. 123

5. 设文件指针 fp 已定义，执行语句“fp=fopen ("file","w");”后，以下针对文本文件 file 操作叙述的选项中正确的是（　　）。

A. 只能写不能读　　B. 写操作结束后可以从头开始读

C. 可以在原有内容后追加写　　D. 可以随意读和写

6. 有以下程序：

```
#include <stdio.h>
main ()
{   FILE  *f;
    f=fopen ("filea.txt","w");
    fprintf (f,"abc");
    fclose (f);
}
```

若文本文件 filea.txt 中原有内容为：hello，则运行以上程序后，文件 filea.txt 中的内容为（　　）。

A. Abclo　　B. abc　　C. helloabc　　D. abchello

7. 有以下程序：

```
#include <stdio.h>
main ()
{   FILE  *fp;
    int  a [10] = {1, 2, 3, 0, 0}, i;
    fp = fopen ("d2.dat", "wb");
    fwrite (a, sizeof (int), 5, fp);
    fwrite (a, sizeof (int), 5, fp);
    fclose (fp);
    fp = fopen ("d2.dat", "rb");
    fread (a, sizeof (int), 10, fp);
    fclose (fp);
    for (i=0; i<10; i++)
        printf ("%d,", a [i] );
}
```

程序的运行结果是（　　）。

A. 1，2，3，0，0，0，0，0，0，0，

B. 1，2，3，1，2，3，0，0，0，0，

C. 123，0，0，0，0，123，0，0，0，0，

D. 1，2，3，0，0，1，2，3，0，0，

8. 以下程序依次把从终端输入的字符存放到 f 文件中，用#作为结束输入的标志，则在横线处应填入的选项是（　　）。

```
#include 〈stdio.h〉
main()
{   FILE  *fp;   char  ch;
    fp=fopen( "fname", "w" );
    while( ( ch=getchar()) ! ='#' ) fputc(________);
    fclose(fp);
}
```

A. ch，"fname"　　B. fp，ch　　C. ch　　D. ch，fp

9. 以下叙述中错误的是（　　）。

A. gets 函数用于从终端读入字符串

B. getchar 函数用于从磁盘文件读入字符

C. fputs 函数用于把字符串输出到文件

D. fwrite 函数用于以二进制形式输出数据到文件

10. 读取二进制文件的函数调用形式为："fread（buffer，size，count，fp）;"，其中 buffer 代表的是（　　）。

A. 一个内存块的字节数

B. 一个整型变量，代表待读取的数据的字节数

C. 一个文件指针，指向待读取的文件

D. 一个内存块的首地址，代表读入数据存放的地址

11. 有以下程序：

```
#include 〈stdio.h〉
main ()
{   FILE   *pf;
    char   *s1="China", *s2="Beijing";
    pf=fopen ("abc.dat","wb+");
    fwrite (s2, 7, 1, pf);
    rewind (pf);                    /*文件位置指针回到文件开头*/
    fwrite (s1, 5, 1, pf);
    fclose (pf);
}
```

以上程序执行后 abc.dat 文件的内容是（　　）。

A. China　　B. Chinang　　C. ChinaBeijing　　D. BeijingChina

12. 有以下程序：

```
#include 〈stdio.h〉
main ()
{   FILE   *fp;
```

```
    int  k, n, a [6] = {1, 2, 3, 4, 5, 6};
    fp = fopen ("d2.dat", "w");
    fprintf (fp, "%d%d%d\n", a [0], a [1], a [2] );
    fprintf (fp, "%d%d%d\n", a [3], a [4], a [5] );
    fclose (fp);
    fp = fopen ("d2.dat", "r");
    fscanf (fp, "%d%d", &k, &n);
    printf ("%d %d\n", k, n);
    fclose (fp);
}
```

程序运行后的输出结果是（　　）。

A. 1 2　　B. 1 4　　C. 123 4　　D. 123 456

13. 有以下程序：

```
#include <stdio.h>
main ()
{   FILE *fp; char str [10];
    fp=fopen ("myfile.dat","w");
    fputs ("abc", fp);
    fclose (fp);
    fp=fopen ("myfile.dat","a+");
    fprintf (fp,"%d", 28);
    rewind (fp);
    fscanf (fp,"%s", str);
    puts (str);
    fclose (fp);
}
```

程序运行后的输出结果是（　　）。

A. abc　　B. 28c　　C. abc28　　D. 因类型不一致而出错

14. 有以下程序：

```
#include <stdio.h>
main ()
{   FILE  *fp;     int  i, a [6] = {1, 2, 3, 4, 5, 6};
    fp = fopen ( "d2.dat", "w+" );
    for (i=0; i<6; i++)      fprintf ( fp, "%d\n", a [i] );
    rewind ( fp );
    for ( i=0; i<6; i++ )    fscanf ( fp, "%d", &a [5-i] );
    fclose (fp);
    for ( i=0; i<6; i++ )    printf ( "%d,", a [i] );
}
```

程序运行后输出结果是（　　）。

A. 1，2，3，4，5，6　　　　B. 6，5，4，3，2，1

C. 4，5，6，1，2，3　　　　D. 1，2，3，3，2，1

15. 设 fp 为指向某二进制文件的指针，且已读到此文件末尾，则函数 feof（fp）的返回值为（　　）。

A. 0　　B. ' \0'　　C. 非 0 值　　D. NULL

16. 以下程序用来统计文件中字符的个数（函数 feof 用以检查文件是否结束，结束时返回非零）。

```
#include <stdio.h>
main ()
{   FILE  *fp;   long num=0;
    fp=fopen ("fname.dat","r");
    while ( ____________ ) { fgetc (fp); num++;}
    printf ("num=%d\n", num);
    fclose ( fp );
}
```

下面选项中，填入横线处不能得到正确结果的是（　　）。

A. feof（fp）==NULL　　　　B. ! feof（fp）

C. feof（fp）　　　　D. feof（fp）==0

17. 下面关于"EOF"的叙述，正确的是（　　）。

A. EOF 的值等于 0

B. EOF 是在库函数文件中定义的符号常量

C. 文本文件和二进制文件都可以用 EOF 作为文件结束标志

D. 对于文本文件，fgetc 函数读入最后一个字符时，返回值是 EOF

18. 如果 fp 已定义为指向某文件的指针，且没有读到该文件的末尾，则 C 语言函数 feof(fp)的函数返回值是（　　）。

A. EOF　　B. 非 0　　C. -1　　D. 0

19. 若有以下程序：

```
#include <stdio.h>
main()
{   FILE *fp;
    int  i, a[6]={1,2,3,4,5,6},k;
    fp = fopen("data.dat", "w+");
    for (i=0; i<6; i++)
    {  fseek(fp, 0L, 0);     fprintf(fp, "%d\n", a[i]);   }
    rewind(fp);
    fscanf(fp, "%d", &k);
    fclose(fp);
    printf("%d\n", k);
}
```

则程序的输出结果是（　　）。

A. 123456　　B. 1　　C. 6　　D. 21

20. 下面关于文件的错误叙述是（　　）。

A. C 语言的文件只能用来存放文本

B. 必须定义一个文件类型的指针变量才能使用文件

C. 在对文件的读或写操作之前必须先打开文件

D. 文件一般是存储在外存储介质上

21. 在执行 fopen 函数时，若执行不成功，则函数的返回值是（　　）。

A. TRUE　　B. －1　　C. 1　　D. NULL

22. 若要用 fopen 函数建立一个新的文本文件，该文件要既能读也能写，则文件方式字符串应是（　　）。

A. "a＋"　　B. "w＋"　　C. "r＋"　　D. "a"

23. 若要用 fopen 函数打开一个新的二进制文件，该文件要既能读也能写，则文件打开时的方式字符串应是（　　）。

A. "ab＋"　　B. "wb＋"　　C. "rb＋"　　D. "ab"

24. 缺省状态下，系统的标准输入文件（设备）是指（　　）。

A. 键盘　　B. 显示器　　C. 软盘　　D. 鼠标

25. 缺省状态下，系统的标准输出文件（设备）是指（　　）。

A. 键盘　　B. 显示器　　C. 软盘　　D. 硬盘

26. fgetc 函数的作用是从指定文件读入一个字符，该文件的打开方式必须是（　　）。

A. 只写　　B. 追加

C. 读或读写　　D. 答案 B 和 C 都正确

27. 若调用 fputc 函数输出字符成功，则其返回值是（　　）。

A. EOF　　B. 1　　C. 0　　D. 输出的字符

28. 标准库函数 fgets（s，n，f）的功能是（　　）。

A. 从文件 f 中读取长度为 n 的字符串存入指针 s 所指的内存

B. 从文件 f 中读取长度不超过 n－1 的字符串存入指针 s 所指的内存

C. 从文件 f 中读取 n 个字符串存入指针 s 所指的内存

D. 文件 f 中读取长度为 n－1 的字符串存入指针 s 所指的内存

29. 在 C 程序中，可把整型数以二进制形式存放到文件中的函数是（　　）。

A. fprintf 函数　　B. fread 函数

C. fwrite 函数　　D. fputc 函数

30. fscanf 函数的正确调用形式是（　　）。

A. fscanf（fp，格式字符串，输出表列）

B. fscanf（格式字符串，输出表列，fp）

C. fscanf（格式字符串，文件指针，输出表列）

D. fscanf（文件指针，格式字符串，输出表列）

31. 以下 fread 函数的调用形式中，参数类型正确的是（　　）。

A. fread（char * buf，int size，int count，FILE * fp）

B. fread（FILE * fp，int * buf，int size，int count）

C. fread（FILE * fp，int size，int count，char * buf）

D. fread（int count，char *buf，int size，FILE *fp）

32. 函数 fwrite 的一般调用形式是（　　）。

A. fwrite（buffer，count，size，fp）；

B. fwrite（fp，size，count，buffer）；

C. fwrite（fp，count，size，buffer）；

D. write（buffer，size，count，fp）；

33. 函数调用语句："fseek（fp，－20L，SEEK_END）；"的含义是（　　）。

A. 将文件位置指针移到距离文件头 20 个字节处

B. 将文件位置指针从当前位置向后移动 20 个字节处

C. 将文件位置指针从文件末尾处向后退 20 个字节处

D. 将文件位置指针移到离当前位置 20 个字节处

34. 利用 fseek 函数可实现的操作是（　　）。

A. 改变文件的位置指针　　B. 辅助实现文件的顺序读写

C. 辅助实现文件的随机读写　　D. 以上答案均正确

35. fseek 函数的正确调用形式是（　　）。

A. fseek（文件类型指针，起始点，位移量）；

B. fseek（fp，位移量，起始点）；

C. fseek（位移量，起始点，fp）；

D. fseek（起始点，位移量，文件类型指针）；

36. 函数 rewind 的作用是（　　）。

A. 使位置指针重新返回到文件的开头

B. 将位置指针指向文件中所要求的特定位置

C. 使位置指针指向文件的末尾

D. 使位置指针自动移到下一字符位置

37. 函数 ftell（fp）的作用是（　　）。

A. 得到文件当前位置指针的位置

B. 移动流式文件的位置指针

C. 初始化流式文件的位置指针

D. 以上答案均正确

参考答案

选择题

1～5：C、A、A、D、A

6～10：B、D、D、B、D

11～15：B、D、C、B、C

16～20：C、B、D、C、A

21～25：D、B、B、A、B

26～30：C、D、B、C、D

31～35：A、A、C、D、B

36～37：A、A

部分选择题参考答案及解析。

1. 参考答案：C

【解析】本题考查文件的概念，文件是由数据序列组成，可以构成二进制文件或文本文件，所以答案为C选项。

2. 参考答案：A

【解析】在C语言中用一个指针变量指向一个文件，这个指针称为文件指针。通过文件指针就可对它所指的文件进行各种操作。文件指针不是文件位置指针，所以B、C选项错误，D选项中不可以写入任意的字符，因此也错误，正确答案是A。

3. 参考答案：A

【解析】B选项中打开一个已存在的文件并进行了写操作后，原有文件中的全部数据不一定被覆盖，也可以对源文件进行追加操作等。C选项中，在一个程序中当对文件进行了写操作后，不用先关闭该文件然后再打开，才能读到第1个数据，可以用fseek（）函数进行重新定位即可。D选项中，C语言中的文件可以进行随机读写。本题应选择A选项。

4. 参考答案：D

【解析】程序首先将数组a［10］中的元素1、2、3分别写入了文件d1.dat文件中，然后又将d1.dat文件中的数据123，整体写入到了变量n的空间中，所以打印n时输出的数据为123，选项D正确。

5. 参考答案：A

【解析】本题考查文件操作函数fopen的基础知识，以“w”方式打开文件，只能写不能读。根据题意，应选择A选项。

6. 参考答案：B

【解析】本题执行“fprintf（f,"abc"）;”后，f文件的内容就变为了abc，所以B选项正确。

7. 参考答案：D

【解析】本题考查文件操作函数，两次fwrite后，fp文件中已经写入“1，2，3，0，0，1，2，3，0，0”，然后将文件fp中的内容重新写入数组a中，最后输出a为“1，2，3，0，0，1，2，3，0，0”，所以选项D正确。

8. 参考答案：D

【解析】本题考查fputc函数的知识，该函数将字符ch写到文件指针fp所指向的文件的当前写指针的位置，函数格式：int fputc（int n，File *fp），答案为D选项。

9. 参考答案：B

【解析】本题属于基础知识题，其中B选项getchar是用于从终端读入字符，正确。

10. 参考答案：D

【解析】fread（void *buffer，size_t size，size_t count，FILE *stream）；功能是从一个文件流中读数据，读取count个元素，每个元素是size字节，如果调用成功则返回count。buffer：用于接收数据的内存地址，大小至少是size*count字节；size：单个元素的大小，单位是字节；count：元素的个数，每个元素是size字节；stream：输入流。本题正确答案为 D。

11. 参考答案：B

【解析】本题考查文件操作函数：fwrite 和 rewind 函数，题目中先是将 s2 字符串写入 adc. dat 中，然后将写指针回到文件开头，然后写入 s1 字符串，那么 s1 字符串就将前五个字符覆盖，所以最终结果为 Chinang，选项 B 正确。

12. 参考答案：D

【解析】fprintf () 函数向文件输出，将输出的内容输出到硬盘上的文件或是相当于文件的设备上执行两次 fprintf 后文件中有“123 456”，所以 D 选项正确。

13. 参考答案：C

【解析】本题考查文件操作函数 fprintf () 函数，fprintf () 函数向文件输出，将输出的内容输出到硬盘上的文件或是相当于文件的设备上，执行两次 fprintf 后文件中有 abc28，所以 C 选项正确。

14. 参考答案：B

【解析】本题考查文件操作函数：fprintf 和 rewind 函数，rewind 函数将文件内部的位置指针重新指向一个流（数据流/文件）的开头，程序首先是将数组 a 的六个数写入 d2 文件中，然后又将 a 数组从后往前覆盖到 d2 中的内容，所以结果为“6，5，4，3，2，1”，选项 B 正确。

15. 参考答案：C

【解析】本题考查文件的定位问题，feof 函数的用法是从输入流读取数据，如果到达文件末尾（遇文件结束符），eof 函数值为非零值，否则为 0，所以选项 C 正确。

16. 参考答案：C

【解析】feof 函数的用法是从输入流读取数据，如果到达文件末尾（遇文件结束符），eof 函数值为非零值，否则为 0，while 判断条件应是：如果没有到达文件末尾，则不能得到正确的结果，所以，答案是选项 C。

17. 参考答案：B

【解析】在 C 语言中，或更精确地说成 C 标准函数库中表示文件结束符（end of file）。在 while 循环中以 EOF 作为文件结束标志，这种以 EOF 作为文件结束标志的文件，必须是文本文件。在文本文件中，数据都是以字符的 ASCII 代码值的形式存放。我们知道，ASCII 代码值的范围是 0～255，不可能出现－1，因此可以用 EOF 作为文件结束标志。本题应选择 B 选项。

18. 参考答案：D

【解析】本题考查文件的定位，feof 函数的用法是从输入流读取数据，如果到达文件末尾（遇文件结束符），eof 函数值为非零值，否则为 0，所以选项 D 正确。

19. 参考答案：C

【解析】本题考查文件操作函数，fseek 用于二进制方式打开的文件，移动文件读写指针位置。将文件内部的位置指针重新指向一个流（数据流/文件）的开头，所以最后只保留了 6，答案为 C。

综合练习

一、选择题

1. （　　）是构成 C 语言程序的基本单位。

A. 函数　　B. 过程　　C. 子程序　　D. 子例程

2. C 语言程序从（　　）开始执行。

A. 程序中第一条可执行语句　　B. 程序中第一个函数

C. 程序中的 main 函数　　D. 包含文件中的第一个函数

3. 以下说法中正确的是（　　）。

A. C 语言程序总是从第一个定义的函数开始执行

B. 在 C 语言程序中，要调用的函数必须在 main（）函数中定义

C. C 语言程序总是从 main（）函数开始执行

D. C 语言程序中的 main（）函数必须放在程序的开始部分

4. 下列关于 C 语言的说法错误的是（　　）。

A. C 程序的工作过程是编辑、编译、连接、运行

B. C 语言不区分大小写

C. C 程序的三种基本结构是顺序、选择、循环

D. C 程序从 main 函数开始执行

5. 下列正确的标识符是（　　）。

A. －a1　　B. a [i]　　C. a2 _ i　　D. int t

6. 下列 C 语言用户标识符中合法的是（　　）。

A. 3ax　　B. x　　C. case　　D. -e2

7. 下列四组选项中，正确的 C 语言标识符是（　　）。

A. %x　　B. a+b　　C. a123　　D. 123

8. 下列四组字符串中都可以用作 C 语言程序中的标识符的是（　　）。

A. print　_ 3d　db8　aBc

B. I \ am　one _ half　start $ it　3pai

C. str _ 1　Cpp　pow　while

D. Pxq　My->book　line #　His. age

9. C 语言中的简单数据类型包括（　　）。

A. 整型、实型、逻辑型　　B. 整型、实型、逻辑型、字符型

C. 整型、字符型、逻辑型　　D. 整型、实型、字符型

10. 在C语言程序中，表达式5%2的结果是（　　）。

A. 2.5　　B. 2　　C. 1　　D. 3

11. 如果int a=3，b=4;，则条件表达式"a<b? a：b"的值是（　　）。

A. 3　　B. 4　　C. 0　　D. 1

12. 若int x=2，y=3，z=4，则表达式x<z? y：z的结果是（　　）。

A. 4　　B. 3　　C. 2　　D. 0

13. C语言中，关系表达式和逻辑表达式的值是（　　）。

A. 0　　B. 0或1

C. 1　　D. 'T'或'F'

14. 下面（　　）表达式的值为4。

A. 11/3　　B. 11.0/3

C. (float) 11/3　　D. (int) (11.0/3+0.5)

15. 设整型变量a=2，则执行下列语句后，浮点型变量b的值不为0.5的是（　　）。

A. b=1.0/a　　B. b=(float)(1/A.

C. b=1/(float) a　　D. b=1/(a*1.0)

16. 若"int n; float f=13.8;"，则执行"n=(int) f%3"后，n的值是（　　）。

A. 1　　B. 4　　C. 4.333333　　D. 4.6

17. 以下对一维数组a的正确说明是（　　）。

A. char a (10);　　B. int a [];

C. int k=5，a [k];　　D. char a [3] = {'a','b','c'};

18. 以下能对一维数组a进行初始化的语句是（　　）。

A. int a [5] = (0，1，2，3，4,)　　B. int a (5) = {}

C. int a [3] = {0，1，2}　　D. int a {5} = {10*1}

19. 在C语言中对一维整型数组的正确定义为（　　）。

A. int a (10);　　B. int n=10，a [n];

C. int n; a [n];　　D. #define N 10 int a [N];

20. 已知：int a [10];，则对a数组元素的正确引用是（　　）。

A. a [10]　　B. a [3.5]　　C. a (5)　　D. a [0]

21. 若有以下数组说明，则i=10；a [a [i]] 元素数值是（　　）。

int a [12] = {1，4，7，10，2，5，8，11，3，6，9，12};

A. 10　　B. 9　　C. 6　　D. 5

22. 若有说明：int a [] [3] = { {1，2，3}，{4，5}，{6，7} };，则数组a的第一维的大小为（　　）。

A. 2　　B. 3　　C. 4　　D. 无确定值

23. 对二维数组的正确定义是（　　）。

A. int a[ ] [ ]={1,2,3,4,5,6};　　B. int a[2] [ ]={1,2,3,4,5,6};

C. int a[ ] [3]={1,2,3,4,5,6};　　D. int a[2,3]={1,2,3,4,5,6};

24. 已知int a [3] [4];，则对数组元素引用正确的是（　　）。

A. a [2] [4]　　B. a [1，3]　　C. a [2] [0]　　D. a (2) (1)

25. C语言中函数返回值的类型是由（　　）决定的。

A. 函数定义时指定的类型　　B. return语句中的表达式类型

C. 调用该函数时实参的数据类型　　D. 形参的数据类型

26. 在C语言中，函数的数据类型是指（　　）。

A. 函数返回值的数据类型　　B. 函数形参的数据类型

C. 调用该函数时实参的数据类型　　D. 任意指定的数据类型

27. 在函数调用时，以下说法正确的是（　　）。

A. 函数调用后必须带回返回值

B. 实际参数和形式参数可以同名

C. 函数间的数据传递不可以使用全局变量

D. 主调函数和被调函数总是在同一个文件里

28. 在C语言中，表示静态存储类别的关键字是（　　）。

A. auto　　B. register　　C. static　　D. extern

29. 未指定存储类别的变量，其隐含的存储类别为（　　）。

A. auto　　B. static　　C. extern　　D. register

30. 若有以下说明语句：

```
struct  student
{  int num;
   char name [ ];
   float score;
 } stu;
```

则下面的叙述不正确的是（　　）。

A. struct是结构体类型的关键字

B. struct student是用户定义的结构体类型

C. num、score都是结构体成员名

D. stu是用户定义的结构体类型名

31. 若有以下说明语句：

```
struct  date
{  int year;
   int month;
   int day;
 } brithday;
```

则下面的叙述不正确的是（　　）。

A. struct是声明结构体类型时用的关键字

B. struct date是用户定义的结构体类型名

C. brithday是用户定义的结构体类型名

D. year、day都是结构体成员名

32. 以下对结构变量stul中成员age的非法引用是（　　）。

```
struct student
{  int age;
```

```
    int num;
} stu1, *p;
p=&stu1;
```

A. stu1. age　B. student. age　C. p－>age　D. （*p）. age

33. 设有如下定义：

```
struck sk
{   int a;
    float b;
} data;
int *p;
```

若要使 P 指向 data 中的 a 域，则正确的赋值语句是（　　）。

A. p=&a;　B. p=data. a;　C. p=&data. a;　D. *p=data. a;

34. 设有以下说明语句：

```
typedef  struct  stu
{   int  a;
    float  b;
} stutype;
```

则下面叙述中错误的是（　　）。

A. struct 是结构类型的关键字

B. struct stu 是用户定义的结构类型

C. a 和 b 都是结构成员名

D. stutype 是用户定义的结构体变量名

35. 语句“int *p;”说明了（　　）。

A. p 是指向维数组的指针

B. p 是指向函数的指针，该函数返回 int 型数据

C. p 是指向 int 型数据的指针

D. p 是函数名，该函数返回指向 int 型数据的指针

36. 下列不正确的定义是（　　）。

A. int *p=&i, i;　B. int *p, i;

C. int i, *p=&i;　D. int i, *p;

37. 若有说明：int n=2, *p=&n, *q=p，则以下非法的赋值语句是（　　）。

A. p=q　B. *p=*q　C. n=*q　D. p=n

38. 有语句：int a [10];，则（　　）是对指针变量 p 的正确定义和初始化。

A. int p=*a;　B. int *p=a;　C. int p=&a;　D. int *p=&a;

39. 若有说明语句“int a [5], *p=a;”，则对数组元素的正确引用是（　　）。

A. a [p]　B. p [a]　C. *（p+2）　D. p+2

40. 有如下程序：

```
int  a [10] = {1, 2, 3, 4, 5, 6, 7, 8, 9, 10}, *P=a;
```

则数值为 9 的表达式是（　　）。

A. *P+9　B. *（P+8）　C. *P+=9　D. P+8

41. 在C语言中，以（　　）作为字符串结束标志。

A. ’\n’　　B. ’ ’　　C. ’0’　　D. ’\0’

42. 下列数据中属于“字符串常量”的是（　　）。

A. “a”　　B. {ABC}　　C. ‘abc\0’　　D. ‘a’

43. 已知 char x [] ="hello", y [] = {’h’,’e’,’a’,’b’,’e’};，则关于两个数组长度的正确描述是（　　）。

A. 相同　　B. x 大于 y　　C. x 小于 y　　D. 以上答案都不对

二、读程序写结果

（一）基础

1.
```
#include <stdio.h>
main()
{   int a=1,b=3,c=5;
    if (c==a+b)
      printf("yes\n");
    else
      printf("no\n");
}
```

2.
```
#include <stdio.h>
main()
{   int a=12, b= -34, c=56, min=0;
    min=a;
    if(min>b)
       min=b;
    if(min>C)
       min=c;
    printf("min=%d", min);
}
```

3.
```
#include <stdio.h>
main()
{   int x=2,y= -1,z=5;
    if(x<y)
    if(y<0)
        z=0;
    else
      z=z+1;
    printf("%d\n",z);
}
```

4.
```
#include <stdio.h>
```

```
main()
{   float a,b,c,t;
    a=3;
    b=7;
    c=1;
    if(a>B)
    {  t=a;a=b;b=t;  }
    if(a>C.
    {  t=a;a=c;c=t;  }
    if(b>C.
    {  t=b;b=c;c=t;  }
    printf("%5.2f,%5.2f,%5.2f",a,b,c);
}
```

```
5. #include 〈 stdio . h 〉
main ( )
{  float  c=3.0 , d=4.0;
   if ( c>d ) c=5.0;
   else
       if ( c==d ) c=6.0;
       else  c=7.0;
  printf ( "%.1f\n",c ) ;
}
```

```
6. #include 〈stdio. h〉
main()
{  int m;
   scanf("%d", &m);
   if (m >= 0)
   {  if (m%2 == 0)  printf("%d is a positive even\n", m);
      else  printf("%d is a positive odd\n", m);}
   else
   {  if(m % 2 == 0)  printf("%d is a negative even\n", m);
      else  printf("%d is a negative odd\n", m);}
}
```

若输入－9,则运行结果是什么?

```
7. #include 〈stdio. h〉
   main()
{   int num=0;
     while(num<=2){ num++;printf("%d\n",num);}
}
```

```
8. #include 〈stdio. h〉
```

```
main( )
{    int sum=10,n=1;
     while(n<3)   {sum=sum-n;   n++;}
     printf("%d,%d",n,sum);
}
```

9. #include ⟨stdio.h⟩

```
main()
{    int num,c;
     scanf("%d",&num);
     do  {c=num%10;  printf("%d",c);  }while((num/=10)>0);
     printf("\n");
}
```

从键盘输入 23，则运行结果是什么？

10. #include ⟨stdio. h⟩

```
main()
{    int s=0,a=5,n;
     scanf("%d",&n);
     do   { s+=1;   a=a-2; }while(a! =n);
     printf("%d,%d\n",s,a);
}
```

若输入的值 1，运行结果是什么？

11. #include "stdio.h"

```
main()
{    char c;
     c=getchar();
     while(c! ='?')      {putchar(c);      c=getchar(); }
}
```

如果从键盘输入 abcde? fgh(回车)，则运行结果是什么？

12. #include ⟨stdio.h⟩

```
main()
{    char c;
     while((c=getchar())! =' $ ')
     {  if('A'<=c&&c<='Z')   putchar(c);
        else if('a'<=c&&c<='z')   putchar(c-32);   }
}
```

当输入 ab * AB%cd#CD$ 时，则运行结果是什么？

13. #include ⟨stdio.h⟩

```
main()
{    int x, y =0;
     for(x=1;x<=10;x++)
```

```
    {   if(y>=10)
            break;
        y=y+x;
    }
    printf("%d   %d",y,x);
}
```

14. #include⟨stdio. h⟩

```
main( )
{    char ch;
     ch=getchar( );
     switch(ch)
     {   case  'A' : printf("%c",'A');
         case  'B' : printf("%c",'B'); break;
         default: printf("%s\n","other");
     }
}
```

当从键盘输入字母 A 时，则运行结果是什么?

15. #include ⟨stdio. h⟩

```
main( )
{    int a=1,b=0;
     scanf("%d",&a);
     switch(A)
     {   case 1: b=1;break;
         case 2: b=2;break;
         default : b=10;}
     printf("%d ", b) ;
}
```

若键盘输入 5，则运行结果是什么?

16. #include ⟨stdio. h⟩

```
main()_
{    char grade='C';
     switch(grade)
     {
          case 'A': printf("90-100\n");
          case 'B': printf("80-90\n");
          case 'C': printf("70-80\n");
          case 'D': printf("60-70\n"); break;
          case 'E': printf("<60\n");
          default : printf("error! \n");
     }
```

```
}
17. #include <stdio.h>
main()
{   int y=9;
    for(;y>0;y- -)
       if(y%3==0)
       { printf(%d",- -y);
        }
}
18. #include <stdio.h>
main()
{   int i,sum=0;   i=1;
    do{ sum=sum+i; i++; }while(i<=10);
    printf("%d",sum);
}
19. #include <stdio.h>
#define N 4
main()
{   int i;
    int x1=1,x2=2;
    printf("\n");
    for(i=1;i<=N;i++)
    {    printf("%4d%4d",x1,x2);
         if(i%2==0)
             printf("\n");
         x1=x1+x2;
         x2=x2+x1;
     }
}
20. #include <stdio.h>
main( )
{   int   x, y;
    for(x=30, y=0; x>=10, y<10; x--, y++)
       x/=2, y+=2;
    printf("x=%d,y=%d\n",x,y);
}
21. #include <stdio.h>
#define N 4
main( )
{    int   i,j;
```

```
    for(i=1;i<=N;i++)
     {    for(j=1;j<i;j++)
             printf(" ");
     printf(" * ");
     printf("\n");
 }}
```

（二）数组

1.

```
#include <stdio.h>
    main()
    {  int   i, a[10];
       for(i=9;i>=0;i--)
         a[i]=10-i;
       printf("%d%d%d",a[2],a[5],a[8]);
    }
```

2.

```
#include <stdio.h>
main()
{   int i,a[6];
    for (i=0; i<6; i++)
        a[i]=i;
   for (i=5; i>=0 ; i--)
        printf("%3d",a[i]);
}
```

3.

```
#include <stdio.h>
main( )
{    int i,k,a[10],p[3];
     k=5;
     for(i=0;i<10;i++)
         a[i]=i;
     for(i=0;i<3;i++)
         p[i]=a[i * (i+1)];
     for(i=0;i<3;i++)
         k+=p[i] * 2;
     printf("%d\n",k);
}
```

4.

```
#include <stdio.h>
int   m[3][3]={{1},{2},{3}};
int   n[3][3]={1,2 ,3};
main( )
{    printf("%d,", m[1][0]+n[0][0]);
     printf("%d\n",m[0][1]+n[1][0]);
```

```
}
5. #include <stdio.h>
main()
{   int i;
    int x[3][3]={1,2,3,4,5,6,7,8,9};
    for (i=1; i<3; i++)
        printf("%d  ",x[i][3-i]);
}
6. #include <stdio.h>
main( )
{   int n[3][3], i, j;
    for(i=0;i<3;i++ )
    {   for(j=0;j<3;j++ )
        {   n[i][j]=i+j;
            printf("%d  ", n[i][j]);
        }
    }
}
7. #include <stdio.h>
main()
{
    char diamond[][5]={{'_','_','*'},{'_','*','_','*'},
   {'*','_','_','_','*'},{'_','*','_','*'},{'_','_','*'}};
     int i,j;
    for(i=0;i<5;i++)
   {
        for(j=0;j<5;j++)
        printf("%c",diamond[i][j]);
        printf("\n");
    }
}
```

注意:"_"代表一个空格。

```
8. #include <stdio.h>
main( )
{    int i, f[10];
     f[0]=f[1]=1;
     for(i=2;i<10;i++)
         f[i]=f[i-2]+f[i-1];
     for(i=0;i<10;i++)
     {    if(i%4==0)
```

```
            printf("\n");
        printf("%d   ",f[i]);
    }
}
9. #include "stdio.h"
func(int  b[ ])
{  int  j;
   for(j=0;j<4;j++)
      b[j]=j;
}
main( )
{  int  a[4], i;
   func(A. ;
   for(i=0; i<4; i++)
      printf("%2d",a[i]);
 }
10. #include <stdio.h>
main()
{  float fun(float x[]);
   float ave,a[3]={4.5,2,4};
   ave=fun(a);
   printf("ave=%7.2f",ave);
}
float fun(float x[])
{  int j;
   float aver=1;
   for (j=0;j<3;j++)
     aver=x[j] * aver;
   return(aver);
}
11. #include <stdio.h>
main()
{  int a[2][3]={{1,2,3},{4,5,6}};
   int b[3][2],i,j;
   for(i=0;i<=1;i++)
   {  for(j=0;j<=2;j++)
        b[j][i]=a[i][j];
   }
   for(i=0;i<=2;i++)
   {  for(j=0;j<=1;j++)
```

```
            printf("%5d",b[i][j]);
        }
}
```

12.
```
#include <stdio.h>
f(int  b[],int  n)
{   int  i,r;
    r=1;
    for (i=0;i<=n;i++)
        r=r * b[i];
    return (r);
}
main()
{   int x,a[]={1,2,3,4,5,6,7,8,9};
    x=f(a,3);
    printf("%d\n",x);
}
```

13.
```
#include"stdio.h"
main()
{   int j,k;
    static int x[4][4],y[4][4];
    for(j=0;j<4;j++)
        for(k=j;k<4;k++)
            x[j][k]=j+k;
    for(j=0;j<4;j++)
        for(k=j;k<4;k++)
            y[k][j]=x[j][k];
    for(j=0;j<4;j++)
        for(k=0;k<4;k++)
            printf("%d,",y[j][k]);
}
```

（三）函数

1.
```
#include <stdio.h>
int Sub(int a, int b)
{  return (a- b);  }
main()
{   int  x, y, result = 0;
    scanf("%d,%d", &x,&y );
    result = Sub(x,y ) ;
    printf("result = %d\n",result);
}
```

当从键盘输入：6、3，则运行结果是什么？

```
2. #include <stdio.h>
int  min( int x, int y )
{   int  m;
    if  ( x> y )  m = x;
    else      m = y;
   return(m);
}
 main()  {
    int  a=3,b=5,abmin ;
    abmin = min(a,b) ;
    printf("min  is  %d", abmin);
}
3. #include<stdio.h>
func(int x) {
   x=10;
   printf("%d, ",x);
}
main( )
{   int x=20;
   func(x);
   printf("%d", x);
}
4. #include <stdio.h>
int m=4;
int func(int x,int y)
{   int m=1;
    return(x*y-m);
}
main()
{   int a=2,b=3;
    printf("%d\n",m);
    printf("%d\n",func(a,b/m));
}
5. #include <stdio.h>
int fun(int a, int b)
{   if(a>b)  return(a);
    else    return(b);
}
main()
```

```
{   int x=15, y=8, r;
    r= fun(x,y);
    printf("r=%d\n", r);
}
```

6. #include 〈stdio.h〉

```
int fac(int n)
{   int f=1,i;
    for(i=1;i<=n;i++)
        f=f * i;
    return(f);
}
main()
{   int j,s;
    scanf("%d",&j);
    s=fac(j);
    printf("%d! =%d\n",j,s);
}
```

如果从键盘输入3，则运行结果是什么？

7. #include 〈stdio.h〉

```
unsigned fun6(unsigned num)
{   unsigned k=1;
    do
    {   k *=num%10;
        num/=10;
    }while(num);
    return k;
}
main()
{   unsigned n=26;
    printf("%d\n",fun6(n));
}
```

8. #include 〈stdio.h〉

```
int max(int x, int y);
main()
{   int a,b,c;
    a=7;b=8;
    c=max(a,b);
    printf("Max is %d",c);
}
max(int x, int y)
```

```
{   int z;
    z=x>y? x : y;
    return(z) ;
}
```

(四) 指针

```
1. #include <stdio . h>
main()
{   int  x[ ] = {10, 20, 30, 40, 50 };
    int  *p ;
    p=x;
    printf ( "%d", *(p+2 ) );
}
```

```
2. #include <stdio. h>
main( )
{   char s[]="abcdefg";
    char *p;
    p=s;
    printf("ch=%c\n", *(p+5));
}
```

```
3. #include<stdio. h>
main ( )
{   int a[]={1, 2, 3, 4, 5} ;
    int x, y, *p;
    p=a;
    x=*(p+2);
    printf("%d:%d \n", *p, x);
}
```

```
4. #include<stdio. h>
main()
{   int  arr[ ]={30,25,20,15,10,5},   *p=arr;
     p++;
    printf("%d\n", *(p+3));
}
```

```
5. #include <stdio. h>
main( )
{   int  a[ ]={1, 2, 3, 4, 5, 6};
    int  x, y, *p;
    p = &a[0];
    x = *(p+2);
    y = *(p+4);
```

```
    printf("*p=%d, x=%d, y=%d\n", *p, x, y);
}
```

6.
```
#include<stdio.h>
main( )
{   static char a[ ]="Program", *ptr;
    for(ptr=a, ptr<a+7; ptr+=2)
    putchar( *ptr);
}
```

7.
```
#include <stdio.h>
char s[]="ABCD";
main()
{   char *p;
    for(p=s;p<s+4;p++)
        printf("%c %s\n", *p,p);
}
```

（五）结构体

1.
```
#include<stdio.h>
struct st
{  int x;
   int y;
} a[2]={5, 7, 2, 9} ;
   main()
{
   printf("%d\n",a[0].y * a [1].x);
}
```

2.
```
#include<stdio.h>
main( )
{   struct stu
     {  int num;
        char a[5];
        float score;
      }m={1234,"wang",89.5};
     printf("%d,%s,%f",m.num,m.a,m.score);
}
```

3.
```
#include<stdio.h>
struct  cmplx
{  int  x;
   int  y;
} cnum[2]={1, 3, 2, 7};
main( )
```

```
{
    printf("%d\n", cnum[0].y * cnum[1].x );
}
```

```
4. #include <stdio.h>
struct abc
{   int a, b, c; };
main()
{   struct abc  s[2]={{1,2,3},{4,5,6}};
    int t;
    t=s[0].a+s[1].b;
    printf("%d \n",t);
}
```

三、程序填空

1. 输入一个字符，判断该字符是数字、字母、空格还是其他字符。

```
main( )
{   char ch;
    ch=getchar();
    if(________________________________________)
      printf("It is an English character\n");
    else if(____________________________________)
      printf("It is a digit character\n");
    else if(_______________)
      printf("It is a space character\n");
    ___________
    printf("It is other character\n");   }
```

2. 下列程序的功能是从输入的整数中，统计大于零的整数个数和小于零的整数个数。用输入 0 来结束输入，用 i、j 来存放统计数，请填空完成程序。

```
void main()
{     _________ n,i=0,j=0;
     printf("input a integer,0 for end\n");
     scanf("%d",&n);
     while  (___________)   {
          if(n>0) i=_____  ;
          else  j=j+1;
           }
    printf("i=%4d,j=%4d\n",i,j);
}
```

3. 编程计算 1+3+5+……+101 的值。

```
#include <stdio.h>
void main()
{    int i, sum = 0;
     for (i = 1; ________________ ; ____________)
         sum = sum + i;
     printf("sum=%d\n", sum);   }
```

表达式 1 为 i=1，为循环变量赋初值，即循环从 1 开始，本题从 1 到 101；因此终值是 101；表达式 2 是循环条件，用来控制循环的结束，因此循环条件为__________；表达式 3 为循环变量的自增，本题是__________。

4. 编程计算 1+3+5…+99 的值。

```
main ()
    {int  i, sum = 0;
    i=1;
    while (______________)
        {sum = sum + i;
        ________________ ;    }
    printf ("sum=%d \ n", sum);
}
```

5. 从键盘输入一个字符，判断它是否为英文字母。

```
#include <stdio.h>
void main()
{   char  c;
    printf("input a character:");
    c=getchar();
    if(c>=_______&&c<=_______|| c>='a' &&c<=  'z')      printf("Yes\n");
    else      printf("No");
}
```

6. 下面程序的功能是在 a 数组中查找与 x 值相同的元素所在位置，请填空。

```
#include <stdio.h>
void  main()
{     int a[10],i,x;
      printf("input 10 integers:");
      for(i=0;i<10;i++)
         scanf("%d",&a[i]);
     printf("input the number you want to find x:");
     scanf("%d",__________);
     for(i=0;i<10;i++)
         if(______________)
               break;
         if(__________ )
```

```
            printf("the pos of x is:%d\n",i);
        else printf("can not find x! \n");
}
```

7. 程序读入20个整数，统计非负数个数，并计算非负数之和。

```
#include <stdio.h>
main( )
{   int  i, a[20], s, count;
    s=count=0;
    for(i=0;______ ; i++)
      scanf("%d", &a[i] );
    for(i=0; i<20; i++)
    {   if( a[i]<0 )    continue  ;
        __________;
        Count++;
    }
    printf("s=%d\t  count=%d\n", s, count");
}
```

四、程序改错

下面每个程序的划线处有语法或逻辑错误，请找出错误并改正，使其得到符合题意的执行结果。

1. 求1×2×3×4×…×n

```
main ()
{  long int sum;
   int n, i=1;
   scanf ("%d", n);
   printf ( "\ n" );
   while (i<n)
    {   sum=sum * i;
        i++;
    }
    printf ("sum=%d", sum);
}
```

2. 求一个数组中最大值及其下标。

```
main ( )
{   int max, j, m;
   int a [5];
   for (j=1; j<=5; j++)
     scanf ( "%d", A);
```

```
  max=a [0];
    for (j=1; j<=5; j++)
      if (max>a [j] )
       {   max=a [j];
           m=j;
       }
  printf ( "下标:%d \ n 最大值:%d", j, max)    }
```

3. 用一个函数求两个数之和。

```
sum(x,y)
{   float z;
    z=x+y;
    return;
}
main()
{   float a,b;
    int c;
    scanf("%f,%f",&a,&B. ;
    c=sum(a,B. ;
    printf("\nSum is %f",sum);
}
```

4. 程序读入 20 个整数，统计非负数个数，并计算非负数之和。

```
#include "stdio. h"
main()
{
    int   i, s , count ,n=20;
    int a[n];
    s=count=1;
    for( i=1, i<20, i- -)
       scanf("%d",  a[i] );
    for(i=0;i<20;i++)
   {
       if(a[i]<0)
      break;
       s +=a[i];
       count++;
   }
  printf("s=%f  count=%f\n",  s, count); }
```

5. 从键盘输入整数 x 的值，并输出 y 的值。

```
 main()
{    float  x,y;
```

```
    scanf("%d",&x);
    y=3.5+x;
   printf("y=%d");
}
```

6. 编程计算下面分段函数，输入为 x，输出为 y。

$$y=\begin{cases} x-1 & x<0 \\ 2x-1 & 0\leqslant x\leqslant 10 \\ 3x-11 & x>10 \end{cases}$$

```
main()
{   int x,y;
    printf("\n Input x:\n");
    scanf("%d", x);
    if(x<0)
        y=x-1;
    else if(x>=0||x<=10)
        y=2x-1;
    else
        y=3x-1;
    printf("y=%d",&y); }
```

7. 求 100～300 间能被 3 整除的数的和。

```
main()
{   int n;
    long sum;
    for(n=100,n<=300,n++)
    {
        if(n%3=0)
        sum=sum*n;
    }
    printf("%ld ",sum);
}
```

8. 求表达式 c= $\sqrt{ab}$的值。

```
#include <stdio.h>
#include <math.h>
int fun(int x, int y);
main()
{  int a,b;  float f;
   scanf("%d,%d",a,b) ;
   if(ab>0){
       fun(a,b);
       printf("The result is:%d\n", &f)
```

```
    }
    else printf("error!");}
    fun(x, y)
    {float result;
    result = sqrt(a+b);
    return;
}
```

五、编程题

1. 输入 2 个整数，求两数的平方和并输出。

2. 输入一个圆半径 r，当 r≥0 时，计算并输出圆的面积和周长，否则，输出提示信息。

3. 已知函数 y=f(x)，编程实现输入一个 x 值，输出 y 值。

$$y=\begin{cases}2x+1 & (x<0)\\ 0 & (x=0)\\ 2x-1 & (x>0)\end{cases}$$

4. 从键盘上输入一个百分制成绩 score，按下列原则输出其等级：score≥90，等级为 A；80≤score＜90，等级为 B；70≤score＜80，等级为 C；60≤score＜70，等级为 D；score＜60，等级为 E。

5. 编一个程序，要求每个月根据每个月上网时间计算上网费用，计算方法如下：

$$费用=\begin{cases}30\text{元} & \leqslant 10\text{小时}\\ \text{每小时}3\text{元} & 10\sim 50\text{小时}\\ \text{每小时}2.5\text{元} & \geqslant 50\text{小时}\end{cases}$$

要求当输入每月上网小时数，显示该月总的上网费用。

6. 从键盘输入 10 个整数，统计其中正数、负数和零的个数，并在屏幕上输出。

7. 编程序实现求 1～10 之间的所有数的乘积并输出。

8. 从键盘上输入 10 个数，求其平均值。

9. 编程序实现求 1～1000 之间的所有奇数的和并输出。

10. 有一个分数序列：2/1，3/2，5/3，8/5，13/8，……编程求这个序列的前 20 项之和。

11. 从键盘输入两个数，求出其最大值（要求使用函数完成求最大值，并在主函数中调用该函数）。

12. 编写程序，其中自定义一函数，用来判断一个整数是否为素数，主函数输入一个数，输出是否为素数。

13. 从键盘输入 n 个数并存放在数组中，将最小值与第一个数交换，然后输出交换后的 n 个数。

参考答案

一、选择题

1～5：A、C、C、B、C

6～10：B、C、A、D、C
11～15：A、B、B、D、B
16～20：A、D、C、D、D
21～25：C、B、C、C、A
26～30：A、B、C、A、D
31～35：C、B、C、D、C
36～40：A、D、B、C、B
41～43：D、A、B

二、读程序写结果

（一）基础

1. no
2. min=－34
3. 5
4. 1.00， 2.00， 7.00
5. 7.0
6. －9 is a negative odd
7. 1
8. 3，7
9. 32 2 3
10. 2，1
11. abcde
12. ABABCDCD
13. 10 5
14. AB
15. 10
16. 70-80
    60-70
17. 852
18. 55
19. 1 2 3 5 8 13 21 34
20. x=0，y=12
21.
```
*
  *
    *
      *
```

（二）数组

1. 852
2. 5 4 3 2 1 0
3. 21

4. 3,0
5. 6 8
6. 0 1 2
   1 2 3
   2 3 4
7.
```
    *
  *   *
*       *
  *   *
    *
```
8. 1   1 2   3
   5   8 13   21
   34 55
9. 0 1 2 3
10. ave=   36.00
11. 1   4   2   5   3   6
12. 24
13. 0,0,0,0,1,2,0,0,2,3,4,0,3,4,5,6

（三）函数

1. result =3
2. min is 5
3. 10，20
4. 4
   1
5. r=15
6. 3! =6
7. 12
8. Max is 8

（四）指针

1. 30
2. ch=f
3. 1∶3
4. 10
5. *p=1，x=3，y=5
6. Porm
7. A ABCD
   B BCD
   C CD
   D D

（五）结构体

1. 14

2. 1234, wang, 89.5

3. 6

4. 6

三、程序填空

1. ch>='a'&&ch<='z'|| ch>='A'&&ch<='Z'

   ch>='0'&&ch<='9'

   ch==' '

   else

2. int   n 或 n! =0   i+1

3. i<=101   i=i+2;   i<=101

4. i<100   I=i+2

5. 'A'   'Z'

6. &x   x==a[i]   i<10

7. i<20   s+=a[i]

四、程序改错

1. 参考答案：

sum 应初始化 即加入 sum=1

第四行改为：scanf ("%d", &n);

第六行改为：while (i<=n) 或者 while (i<n+1)

第十行改为：printf ("sum=%ld", sum);

2. 参考答案：

第四行改为：for (j=0; j<5; j++)

第五行改为：scanf ("%d", &a [j]);

第七行改为：for (j=1; j<5; j++)

第八行改为：if (max<a [j])

第十三行改为：printf ("下标:%d \ n 最大值:%d", m, max)

3. 参考答案：

第一行改为：float sum (float x, float y);

第四行改为：return (z); 或者 return z;

第八行：float c;

第十一行：printf ("\ nSum is %f", C. ;

4. 参考答案：

int a [20]

s=count=0;

for (i=0; i<20; i--)

scanf ("%d", &a [i]);

continue;

printf ("s=%d   count=%d \ n", s, count);

5. 参考答案：

int x;   float y;

printf ("y=%f", y);

6. 参考答案：

第一处改为：scanf ("%d", & x);

第二处改为：x>=0&&x<=10

第三处改为：y=2 * x-1;

第四处改为：y=3 * x-1;

第五处改为：printf ("y=%d", y);

7. 参考答案：

第一处改为：long sum=0;

第二处改为：for (n=100; n<=300; n++)

第三处改为：if (n%3==0)

第四处改为：sum=sum+n;

8. 参考答案：

第一处改为：if (a * b>0)

第二处改为：f= fun (a, b);

第三处改为：printf ("The result is:%d \ n", f);

第四处改为：float fun (int x, int y)

第五处改为：f= fun (a, b);

第六处改为：result = sqrt (a * b);

第七处改为：return result;

五、编程题

1.
```
#include <stdio. h>
int main (void)
{   intt  a , b, s;
    printf ("please input a, b:  \ n");
    scanf ("%d%d", &a, &b);
    s=a * a+b * b;
    printf ("the result  is %d \ n", s);
    return 0;
}
```

2.
```
#include <stdio. h>
#define PI 3. 14
int main (void)
{   double  r , area , girth;
      printf ("please input r:  \ n");
      scanf ("%lf", &r);
```

```
    if (r>=0)
    {   area =PI * r * r;
        girth =2 * PI * r ;
        printf ("the area is %. 2f\ n", area);
        printf ("the girth is %. 2f\ n", girth);}
      else
        printf ("Input error!  \ n");
      return 0;
    }
```

3.
```
#include <stdio. h>
#define PI 3. 14
int main (void)
{   double  r , area , girth;
    printf ("please input r:  \ n");
    scanf ("%lf", &r);
    if (r>=0)
    {   area =PI * r * r;
        girth =2 * PI * r ;
        printf ("the area is %. 2f\ n", area) ;
        printf ("the girth is %. 2f\ n", girth);    }
    else
        printf ("Input error!  \ n");
    return 0;
}
```

4.
```
#include <stdio. h>
    void main () {
        int     data;
        char  grade;
        printf ("Please enter the score:");
        scanf ("%d", &data);
        switch (data/10)
        {   case 10:
            case 9 :    grade=' A';    break;
            case 8:    grade=' B';    break;
            case 7:    grade=' C';    break;
            case 6:    grade=' D';    break;
            default:    grade=' E';
    }
    printf ("the grade is %c", grade);
}
```

5. #include 〈stdio. h〉

```
void main ()
{   int hour;
    float fee;
    printf ( "please input hour: \ n" );
    scanf ( "%d", &hour);
    if (hour<=10)
       fee=30;
    else if (hour>=10&&hour<=50)
       fee=3 * hour;
    else   fee=hour * 2.5;
   printf ( "The total fee is %f", fee);
}
```

6. #include 〈stdio. h〉

```
void main ( ) {
    int a, i, p=0, n=0, z=0;
    printf ("please input number");
    for (i=0; i<10; i++) {
       scanf ("%d,", &a);
       if (a>0)         p++;
       else if (a<0)          n++;
       else z++;
    }
    printf ("正数:%5d, 负数:%5d, 零:%5d \ n", p, n, z);
}
```

7. #include 〈stdio. h〉

```
void   main ( )
{   int   i;
    long sum=1;
    for (i=1; i<=10; i=i+1)
        sum=sum * i;
    printf ( "the sum of odd is :%ld", sum);
}
```

8. #include 〈stdio. h〉

```
void main () {
   int   a, i, sum=0;
   float ave;;
   for (i=0; i<10; i++) {
       scanf ("%d", &a);
       sum+=a;
```

```
    }
   ave= (float) sum/10;
   printf ("ave = %f\n", ave);
}
9. #include <stdio.h>
void main ( )
{   int  i, sum=0;
     for (i=1; i<1000; i=i+2)
         sum=sum+i;
     printf ( "the sum of odd is :%d", sum);
}
10. #include <stdio.h>
void main () {
   int i, t, n=20;
   float a=2, b=1, s=0;
   for (i=1; i<=n; i++)
   {   s=s+a/b;
       t=a;
       a=a+b;
       b=t;
   }
   printf ("sum=%6.2f", s);
}
11. #include <stdio.h>
float max (float x, float y);
void main ()
{   float a, b, m;
     scanf ("%f,%f", &a, &b) ;
     m=max (a, b);
     printf ("Max is %f\n", m);
  }
  float max (float x, float y)
  {
      if (x>=y)
         return x;
      else
         return y;
  }
12. #include <math.h>
#include  <stdio.h>
```

```
int IsPrimeNumber (int number)
{   int i;
    if (number <= 1)
        return 0;
    for (i=2; i<sqrt (number); i++)
    {   if ( (number % i) == 0)
            return 0; }
    return 1;}
void main ()
{    int n;
     printf ( "Please input n:" );
     scanf ( "%d", &n);
     if (IsPrimeNumber (n) )
         printf ( "\n%d is a Prime Number", n);
     else   printf ( "\n%d is not a Prime Number", n);}
```

13. 解法一：

```
#include <stdio.h>
int main(void){
   int i,n,iIndex,temp;
   int a[10];
   printf("Enter n: ");
   scanf("%d", &n);
   printf("Enter %d integers:\n ");
   for(i=0;i<n;i++)
      scanf("%d", &a[i]);
   iIndex=0;
   for(i=1;i<n;i++){
       if(a[i]<a[iIndex])    iIndex=i;
   }
   temp=a[0];a[0]=a[iIndex];a[iIndex]=temp;
   for(i=0;i<n;i++)
      printf("%5d", a[i]);
   printf("\n");
   return 0;
}
```

解法二：

```
#include<stdio.h>
int comp(int arry[], int n)
{
    int i,index,temp;
```

```
    printf("为数组赋值:\n");
    for(i=0;i<n;i++)
    {   scanf("%d",&arry[i]);
    }
    for(i=1,index=0;i<=n-1;i++)
    {   if(arry[i]<arry[index])
        {   index=i;
        }
    }
    temp=arry[0];arry[0]=arry[index];arry[index]=temp;
    for(i=0;i<n;i++)
    {   printf("%d  ",arry[i]);
    }
   return 0;
}
main()
{   int n;
    int a[10];
    printf("为n赋值:\n");
    scanf("%d",&n);
    comp(a,n);}
```

计算机 C 语言模拟考试题

第 1 套

一、填空题

共 10 题（每小题 1 分，共计 10 分）。

第 1 题

若在程序中用到“strlen（）”函数时，应在程序开头写上包含命令 ＃ include “（　　）”。

答案：string. h

第 2 题

从函数的形式上看，函数分为无参函数和（　　）两种类型。

答案：有参函数

第 3 题

已知：int i＝8，j＝10，m，n；m＝＋＋i；n＝j＋＋；问语句执行后 m＝（　　），n＝（　　）。

答案：9、10

第 4 题

C 语言中一个函数由函数首部和（　　）两部分组成。

答案：函数体

第 5 题

已知 a＝10，b＝15，c＝1，d＝2，e＝10，则表达式 a＋＋&&e＋＋&&c＋＋的值为（　　）。

答案：1

第 6 题

语句：x＋＋；＋＋x；x＝x＋1；x＝1＋x；执行后都使变量 x 中的值增 1，请写出一条同一功能的赋值语句（　　）。

答案：x＋＝1

第 7 题

C语言中调用（　　）函数来打开文件。

答案：fopen或fopen（）

第8题

求字符串长度的库函数是（　　），只写函数名即可。

答案：strlen

第9题

设c语言中，int类型数据占2个字节，则long类型数据占（　　）个字节，short类型数据占（　　）个字节。

答案：4、2

第10题

在C程序中，数据可以用二进制和（　　）两种代码形式存放。

答案：ASCII

二、判断题

共10题（每小题1分，共计10分）。

第1题

如果被调用函数的定义出现在主调函数之前，可以不必加以声明。

答案：Y

第2题

逻辑表达式－5&&！8的值为1。

答案：N

第3题

十进制数15的二进制数是1111。

答案：Y

第4题

在C语言的switch语句中，case后可为常量或表达式，或者有确定值的变量及表达式。

答案：N

第5题

若有说明int c；则while（c=getchar（））；是正确的C语句。

答案：Y

第6题

int a［3］［4］＝｛｛1｝，｛5｝，｛9｝｝；，它的作用是将数组各行第一列的元素赋初值，其余元素值为0。

答案：Y

第7题

语句printf（"%f%%"，1.0/3）；，输出为0.333333。

答案：N

第8题

C 程序总是从程序的第一条语句开始执行。
答案：N
第 9 题
若有定义和语句：
int a[3][3]={{3,5},{8,9},{12,35}},i,sum=0;
for(i=0;i<3;i++) sum+=a[i][2-i];则 sum=21。
答案：Y
第 10 题
若有 int i=10，j=2；则执行完“i*=j+8;”后 i 的值为 28。
答案：N

三、单项选择题

共 30 题（每小题 1 分，共计 30 分）。
第 1 题
C 语言源程序文件经过 C 编译程序编译后，生成目标文件的后缀为（　　）。
A. .c　　B. .obj　　C. .exe　　D. .bas
答案：B
第 2 题
下列（　）表达式的值为真，其中 a=5；b=8；c=10；d=0。
A. a*2>8+2　　B. a&&d　　C. (a*2-c)||d　　D. a-b<c*d
答案：D
第 3 题
C 语言源程序文件经过 C 编译程序编译连接之后，生成一个后缀为（　　）的可执行文件。
A. .c　　B. .obj　　C. .exe　　D. .bas
答案：C
第 4 题
C 语言源程序名的后缀是（　　）。
A. exe　　B. c　　C. obj　　D. cp
答案：B
第 5 题
从循环体内某一层跳出，继续执行循环外的语句是（　　）。
A. break 语句　　B. return 语句　　C. continue 语句　　D. 空语句
答案：A
第 6 题
在一个 C 源程序文件中，若要定义一个只允许本源文件中所有函数使用的全局变量，则该变量需要使用的存储类型是（　　）。
A. extern　　B. register　　C. auto　　D. static
答案：D

第 7 题

下列数据中属于“字符串常量”的是（　　）。

A. ABC　　B. "ABC"　　C. 'ABC'　　D. 'A'

答案：B

第 8 题

若变量已正确定义，执行语句“scanf("%d,%d,%d",&k1,&k2,&k3);”时，（　　）是正确的输入。

A. 20 30，40　　B. 20 30 40

C. 20，30 40　　D. 20，30，40

答案：D

第 9 题

C 语言的 if 语句中，用作判断的表达式为（　　）。

A. 任意表达式　　B. 逻辑表达式

C. 关系表达式　　D. 算术表达式

答案：A

第 10 题

能正确表示逻辑关系：“ a≥10 或 a≤0”的 C 语言表达式是（　　）。

A. a>=10 or a<=0　　B. a>=0 | a<=10

C. a>=10 && a<=0　　D. a>=10 || a<=0

答案：D

第 11 题

逻辑运算符两侧运算对象的数据类型（　　）。

A. 只能是 0 或 1　　B. 只能是 0 或非 0 正数

C. 只能是整型或字符型数据　　D. 可以是任何类型的数据

答案：D

第 12 题

以下函数调用语句中实参的个数是（　　）。

```
func((e1,e2),(e3,e4,e5));
```

A. 2　　B. 3　　C. 5　　D. 语法错误

答案：A

第 13 题

在 C 语言的函数中，下列正确的说法是（　　）。

A. 必须有形参　　B. 形参必须是变量名

C. 可以有，也可以没有形参　　D. 数组名不能用作形参

答案：C

第 14 题

对于说明语句“int a [10] = {6，7，8，9，10};”的正确理解是（　　）。

A. 将 5 个初值依次赋给 a [1] 至 a [5]

B. 将 5 个初值依次赋给 a [0] 至 a [4]

C. 将 5 个初值依次赋给 a [6] 至 a [10]

D. 因为数组长度与初值的个数不相同，所以此语句不正确

答案：B

第 15 题

若定义："int a=511， * b=&a;"，则 "printf ("%d\n"， * b);" 的输出结果为（　　）。

A. 无确定值　B. a 的地址　C. 512　D. 511

答案：D

第 16 题

以下不符合 C 语言语法的赋值语句是（　　）。

A. a=1，b=2　　B. ++j;

C. a=b=5;　　D. y= (a=3，6 * 5);

答案：A

第 17 题

若有说明："int a [3] [4] = {0};"，则下面正确的叙述是（　　）。

A. 只有元素 a [0] [0] 可得到初值 0

B. 此说明语句不正确

C. 数组 a 中各元素都可得到初值，但其值不一定为 0

D. 数组 a 中每个元素均可得到初值 0

答案：D

第 18 题

设 j 和 k 都是 int 类型，则下面的 for 循环语句（　　）。

for (j=0，k=0；j<=9&&k! =876；j++) scanf ("%d"，&k);

A. 最多执行 10 次　　B. 最多执行 9 次

C. 是无限循环　　D. 循环体一次也不执行

答案：A

第 19 题

fseek 函数的正确调用形式是（　　）。

A. fseek (文件类型指针，起始点，位移量)

B. fseek (fp，位移量，起始点)

C. fseek (位移量，起始点，fp)

D. fseek (起始点，位移量，文件类型指针)

答案：B

第 20 题

与实际参数为实型数组名相对应的形式参数不可以定义为（　　）。

A. float　a [];　　B. float * a;

C. float a;　　D. float (* a) [3];

答案：C

第 21 题

若 int a=3，则执行完表达式 a-=a+=a * a 后，a 的值是（　　）。

A. -15　B. -9　C. -3　D. 0

答案：D

第 22 题

若有定义“int a [10]，*p=a;”，则 p+5 表示（　　）。

A. 元素 a [5] 的地址

B. 元素 a [5] 的值

C. 元素 a [6] 的地址

D. 元素 a [6] 的值

答案：A

第 23 题

若有如下定义和语句，且 0<=i<5，则下面（　　）是对数值为 3 数组元素的引用。

```
int a [] = {1, 2, 3, 4, 5}, *p, i;
p=a;
```

A. *(a+2)　B. a[p-3]　C. p+2　D. a+3

答案：A

第 24 题

以下程序的输出结果是（　　）。

```
void  fun(int  a, int  b, int  c)
{  a=456; b=567; c=678;  }
main()
{  int  x=10, y=20, z=30;
   fun(x, y, z);
   printf("%d,%d,%d\n", z, y, x);}
```

A. 30，20，10　B. 10，20，30

C. 456567678　D. 678567456

答案：A

第 25 题

已知字符“A”的 ASCⅡ代码值是 65，字符变量 c1 的值是“A”，c2 的值是“D”。执行语句“printf ("%d,%d", c1, c2-2);”后，输出结果是（　　）。

A. A，B　B. A，68　C. 65，66　D. 65，68

答案：C

第 26 题

对于定义：char *aa [2] = {"abcd","ABCD"}，选项中说法正确的是（　　）。

A. aa 数组元素的值分别是“abcd”和“ABCD”

B. aa 是指针变量，它指向含有两个数组元素的字符型一维数组

C. aa 数组的两个元素分别存放的是含有 4 个字符的一维字符数组的首地址

D. aa 数组的两个元素中各自存放了字符“a”和“A”的地址

答案：D

第 27 题

若有语句“double *p, x [10]; int i=5;”，则使指针变量 p 指向元素 x [5] 的语句

为（　　）。

A. p=&x [i];　　B. p=x;

C. p=x [i];　　D. p=& (x+i)

答案：A

第 28 题

以下标识符中，不能作为合法的 C 用户定义标识符的是（　　）。

A. answer　　B. to　　C. signed　　D. _if

答案：C

第 29 题

下列各“m”的值中，能使 m%3==2&&m%5==3&&m%7==2 为真的是（　　）。

A. 8　　B. 23　　C. 17　　D. 6

答案：B

第 30 题

利用 fseek 函数可以实现的操作是（　　）。

A. 改变文件的位置指针　　B. 文件的顺序读写

C. 文件的随机读写　　D. 以上答案均正确

答案：D

四、程序填空题

共 2 题（每小题 10 分，共计 20 分）。

第 1 题

【程序填空】

功能：写一个函数，求一个字符串的长度，在 main 函数中输入字符串，并输出其长度。

```
#include <stdio.h>
main ()
{
  int length (char *p);
  int len;
  char str [20];
  printf ("please input a string: \n");
  scanf ("%s", str);
  /***********SPACE***********/
  len=length (①);
  printf ("the string has %d characters.", len);
}
/***********SPACE***********/
```

```
(②) (p)
char *p;
{
  int n;
  n=0;
  while (*p! ='\0')
   {
     /***********SPACE***********/
      (③);
     /***********SPACE***********/
      (④);
  }
  return n;
}
```

答案：

① str

======= (答案 2) =======

② length 或 int length

③ n++、++n、n=n+1 或 n+=1

④ p++、++p、p=p+1 或 p+=1

第 2 题

【程序填空】

功能：输入一正整数 n，然后打印 1—n 能够组成的所有自然数集合（包含空集）。

```
#include <stdio.h>
#include <stdlib.h>
#define   MAXSiZE       20
#define   LOOP           1
void main(void)
{
  int  set[MAXSiZE];
  int  n, i;
  int  position;
  char line[100];
  printf("\nAll Possible Subsets Generation by Lexical Order");
  printf("\n=====================================");
  printf("\n\nNumber of Elements in the Set --> ");
  gets(line);
  n = atoi(line);
```

```
    printf("\n{}");
    position        = 0;
    set[position] = 1;
    while (LOOP)
    {
      /***********SPACE***********/
      printf("\n{%d",①);

      for (i = 1; i <= position; i++)
        printf(",%d", set[i]);
      printf("}");
      if (set[position] < n)
      {
        /***********SPACE***********/
        set[②] = set[position] + 1;

        position++;
      }
      else if (position ! = 0)
        set[--position]++;
      else
      /***********SPACE***********/
        ③;
    }
}
```

答案：

① set[0]

② position+1

③ break

五、程序改错题

共 1 题（共计 10 分）。

【程序改错】

功能：编写函数 fun 求 20 以内所有 5 的倍数之积。

```
#include <stdio.h>
#define N 20
int fun(int m)
{
```

```
  /**********FOUND**********/
  int s=0,i;
  for(i=1;i<N;i++)
    /**********FOUND**********/
    if(i%m=0)
      /**********FOUND**********/
      s=*i;
  return s;
}
main()
{
  int sum;
  sum=fun(5);
  printf("%d 以内所有%d 的倍数之积为：%d\n",N,5,sum);
}
```

答案：

改错一：int s=1 , i ;

改错二：if (i%m==0)

改错三：s=s*i;

或 s=i*s;

或 s*=i;

六、程序设计题

共 2 题（每小题 10 分，共计 20 分）。

第 1 题（10.0 分）

【程序设计】

功能：统计出若干个学生的平均成绩、最高分以及得最高分的人数。

例如：输入 10 名学生的成绩分别为 92、87、68、56、92、84、67、75、92、66，则输出平均成绩为 77.9，最高分为 92，得最高分的人数为 3 人。

C 程序如下：

```
#include <stdio.h>
void wwjt();
float Max=0;
int J=0;
float fun(float array[],int n)
{
  /**********Program**********/
```

```
    /********** End **********/
}
main( )
{
    float  a[10],ave;
    int i=0;
    for(i=0;i<10;i++)
      scanf("%f",&a[i]);
    ave=fun(a,10);
    printf("ave=%f\n",ave);
    printf("max=%f\n",Max);
    printf("Total:%d\n",J);
    wwjt();
}
void wwjt()
{
    FILE *IN,*OUT;
    float iIN[10],iOUT;
    int iCOUNT;
    IN=fopen("in.dat","r");
    if(IN==NULL)
    {
      printf("Please Verify The Currernt Dir..it May Be Changed");
    }
    OUT=fopen("out.dat","w");
    if(OUT==NULL)
    {
      printf("Please Verify The Current Dir.. it May Be Changed");
    }
    for(iCOUNT=0;iCOUNT<10;iCOUNT++)
      fscanf(IN,"%f",&iIN[iCOUNT]);
    iOUT=fun(iIN,10);
    fprintf(OUT,"%f %f\n",iOUT,Max);
    fclose(IN);
    fclose(OUT);
}
```

答案：

```
int i;float sum=0,ave;
```

```
Max=array[0];
for(i=0;i<n;i++)
{   if(Max<array [i]) Max=array [i];
      sum=sum+array [i];   }
ave=sum/n;
for(i=0;i<n;i++)
if(array [i]==Max) J++;
return(ave);
```

第 2 题 (10.0 分)

【程序设计】

功能：求一分数序列 2/1，3/2，5/3，8/5，13/8，21/13…的前 n 项之和。

说明：每一分数的分母是前两项的分母之和，每一分数的分子是前两项的分子之和。

例如：求前 20 项之和的值为 32.660259。

C 程序如下：

```
#include <stdio.h>
void   wwjt();
float fun(int n)
{
   /**********Program**********/
   /**********  End   **********/
}
main()
{
   float y;
   y=fun(20);
   printf("y=%f\n",y);
   wwjt();
}
void wwjt()
{
   FILE *IN,*OUT;
   int iIN,i;
   float fOUT;
   IN=fopen("in.dat","r");
   if(IN==NULL)
   {
     printf("Please Verify The Currernt Dir..it May Be Changed");
   }
```

```
    OUT=fopen("out.dat","w");
    if(OUT==NULL)
    {
      printf("Please Verify The Current Dir.. it May Be Changed");
    }
    for(i=0;i<5;i++)
    {
      fscanf(IN,"%d",&iIN);
      fOUT=fun(iIN);
      fprintf(OUT,"%f\n",fOUT);
    }
    fclose(IN);
    fclose(OUT);
}
```

答案：

```
int i;
 float f1=1,f2=1,f3,s=0;
 for(i=1;i<=n;i++)
 { f3=f1+f2;
   f1=f2;
   f2=f3;
   s=s+f2/f1;
 }
 return s;
```

第2套

一、填空题

共10题(每小题1分,共计10分)。

第1题

下面程序段的输出结果是(　　)。

```
int a=12; a=a&0377;pritnf("%d\n",a);
```

答案:12

第2题

若有以下定义,则计算表达式 y+=y-=m*=y 后,y 的值是(　　)。

```
int m=5,y=2;
```

答案：－16

第 3 题

已知 a＝13，b＝6，则！a 的十进制数值为（　　）。

答案：0

第 4 题

结构体是不同数据类型的数据集合，作为数据类型，必须先说明结构体（　　），再说明结构体变量。

答案：类型

第 5 题

已知 int x；x＝3 * 4％－5/6，则 x 的值为（　　）。

答案：0

第 6 题

若有数组 a，以及数组元素：a [0] a [9]，其值为 9、4、12、8、2、10、7、5、1、3，则该数组中下标最大的元素的值是（　　）。

答案：3

第 7 题

执行语句“char str [81] ="abcdef";”后，字符串 str 结束标志存储在 str [（　　）]（在括号内填写下标值）中。

答案：6

第 8 题

当 a＝1，b＝2，c＝3 时，执行以下程序段后 c＝（　　）。

if (a>c)　b＝a;　a＝c;　c＝b;

答案：2

第 9 题

已知 a＝10，b＝15，c＝1，d＝2，e＝0，则表达式！a<e 的值为（　　）。

答案：0

第 10 题

C 程序在执行过程中，不检查数组下标是否（　　）。

答案：越界

二、判断题

共 10 题（每小题 1 分，共计 10 分）

第 1 题

C 语言所有函数都是外部函数。

答案：N

第 2 题

“char * p="girl";”的含义是定义字符型指针变量 p，p 的值是字符串"girl"。

答案：N

第 3 题

＃define 和 printf 都不是 C 语句。
答案：Y
第 4 题
若 a=3，b=2，c=1，则关系表达式″（a>b）==c″的值为“真”。
答案：Y
第 5 题
整数 −32100 可以赋值给 int 型和 long int 型变量。
答案：Y
第 6 题
逻辑表达式−5&&！8 的值为 1。
答案：N
第 7 题
while 和 do…while 循环，不论什么条件下它们的结果都是相同的。
答案：N
第 8 题
C 语言所有函数都是外部函数。
答案：N
第 9 题
若 i =3，则“printf（″%d″，−i++）；”输出的值为−4。
答案：N
第 10 题
在程序中定义了一个结构体类型后，可以多次用它来定义具有该类型的变量。
答案：Y

三、单项选择题

共 30 题（每小题 1 分，共计 30 分）
第 1 题
对 for（表达式 1；；表达式 3）可理解为（　　）。
A. for（表达式 1；0；表达式 3）
B. for（表达式 1；1；表达式 3）
C. for（表达式 1；表达式 1；表达式 3）
D. for（表达式 1；表达式 3；表达式 3）
答案：B
第 2 题
在 C 语言程序中，以下正确的描述是（　　）。
A. 函数的定义可以嵌套，但函数的调用不可以嵌套
B. 函数的定义不可以嵌套，但函数的调用可以嵌套
C. 函数的定义和函数的调用均不可以嵌套
D. 函数的定义和函数的调用均可以嵌套

答案：B

第 3 题

下面说明不正确的是（　　）。

A. char a [10] ="china";

B. char a [10]，*p=a；p="china"

C. char *a；a="china";

D. char a [10]，*p；p=a="china"

答案：D

第 4 题

int（*p）[6]；它的含义为（　　）。

A. 具有 6 个元素的一维数组

B. 定义了一个指向具有 6 个元素的一维数组的指针变量

C. 指向整型指针变量

D. 指向 6 个整数中的一个的地址

答案：B

第 5 题

设 int b=2；表达式（b≫2）/（b≫1）的值是（　　）。

A. 0　　B. 2　　C. 4　　D. 8

答案：A

第 6 题

在语句“while（! E);”中的表达式“! E”等价于（　　）。

A. E==0　　B. E! =1　　C. E! =0　　D. E==1

答案：A

第 7 题

C 语言程序中必须有的函数是（　　）。

A. #include "stdio. h"　　B. main

C. printf　　D. scanf

答案：B

第 8 题

函数调用可以（　　），以下错误的描述是：

A. 出现在执行语句中　　B. 出现在一个表达式中

C. 作为一个函数的实参　　D. 作为一个函数的形参

答案：D

第 9 题

下列定义数组的语句中不正确的是（　　）。

A. static int a [2] [3] = {1，2，3，4，5，6}；

B. static int a [2] [3] = { {1}，{4，5} }；

C. static int a [] [3] = { {1}，{4} }；

D. static int a [] [] = { {1，2，3}，{4，5，6} }；

答案：D

第 10 题

若有说明："int *p，m=5，n;"，则以下正确的程序段是（　　）。

A. p=&n；scanf（"%d"，&p）;

B. p=&n；scanf（"%d"，*p）

C. scanf（"%d"，&n）；*p=n；

D. p=&n；*p=m；

答案：D

第 11 题

若有定义："char *p1，*p2;"，则下列表达式中正确、合理的是（　　）。

A. p1/=5　　B. p1*=p2　　C. p1=&p2　　D. p1+=5

答案：C

第 12 题

若希望当 A 的值为奇数时，表达式的值为"真"；A 的值为偶数时，表达式的值为"假"，则以下不能满足要求的表达式是（　　）。

A. A%2==1　　B. !（A%2==0）

C. !（A%2）　　D. A%2

答案：C

第 13 题

以下描述中正确的是（　　）。

A. 由于 do-while 循环中循环体语句只能是一条可执行语句，所以循环体内不能使用复合语句

B. do-while 循环由 do 开始，用 while 结束，在 while（表达式）后面不能写分号

C. 在 do-while 循环体中，一定要有能使 while 后面表达式的值变为零（"假"）的操作

D. do-while 循环中，根据情况可以省略 while

答案：C

第 14 题

对于基本类型相同的两个指针变量之间，不能进行的运算是（　　）。

A. <　　B. =　　C. +　　D. -

答案：C

第 15 题

设 C 语言中，一个 int 型数据在内存中占 2 个字节，则 unsigned int 型数据的取值范围为（　　）。

A. 0～255　　B. 0～32767　　C. 0～65535　　D. 0～2147483647

答案：C

第 16 题

以下程序的运行结果是（　　）。

```
main()
{
  int i=1,sum=0;
```

```
  while(i<10)  sum=sum+1;i++;
  printf("i=%d,sum=%d",i,sum);
}
```

A. i=10，sum=9　　B. i=9，sum=9

C. i=2，sum=1　　D. 运行出现错误

答案：D

第 17 题

若有定义："int aa [8];"，则以下表达式中不能代表数组元 aa [1] 地址的是（　　）。

A. &aa [0] +1　　B. &aa [1]

C. &aa [0] ++　　D. aa+1

答案：C

第 18 题

在以下语句中，不能实现回车换行的是（　　）。

A. printf ("\ n");　　B. putchar ("\ n");

C. fprintf (stdout,"\ n");　　D. fwrite ("\ n", 1, 1, stdout);

答案：B

第 19 题

若有"int * p= (int *) malloc (sizeof (int));"，则向内存申请并到内存空间存入整数 123 的语句为（　　）。

A. scanf ("%d", p);　　B. scanf ("%d", &p);

C. scanf ("%d", * p);　　D. scanf ("%d", * * p);

答案：A

第 20 题

下列数据中属于"字符串常量"的是（　　）。

A. ABC　　B. "ABC"　　C. 'ABC'　　D. 'A'

答案：B

第 21 题

从循环体内某一层跳出，继续执行循环外的语句是（　　）。

A. break 语句　　B. return 语句

C. continue 语句　　D. 空语句

答案：A

第 22 题

若有如下定义和语句，且 0<=i<5，则下面（　　）是对数值为 3 数组元素的引用。

```
int a[]={1,2,3,4,5}, * p,i;
p=a;
```

A. * (a+2)　　B. a [p-3]　　C. p+2　　D. a+3

答案：A

第 23 题

若 int a=3，则执行完表达式 a-=a+=a * a 后，a 的值是（　　）。

A. -15　　B. -9　　C. -3　　D. 0

答案：D

第 24 题

若有定义“int a [10], * p=a;”，则 p+5 表示（　　）。

A. 元素 a [5] 的地址　　B. 元素 a [5] 的值

C. 元素 a [6] 的地址　　D. 元素 a [6] 的值

答案：A

第 25 题

若有以下定义和语句：

```
int  a[10]={1,2,3,4,5,6,7,8,9,10}, * p=a;
```

则不能表示 a 数组元素的表达式是（　　）。

A. * p　　B. a [9]　　C. * p++　　D. a [* p-a]

答案：D

第 26 题

对于定义：char * aa[2]={"abcd","ABCD"}，下面选项中说法正确的是（　　）。

A. aa 数组元素的值分别是"abcd"和"ABCD"

B. aa 是指针变量，它指向含有两个数组元素的字符型一维数组

C. aa 数组的两个元素分别存放的是含有 4 个字符的一维字符数组的首地址

D. aa 数组的两个元素中各自存放了字符'a'和'A'的地址

答案：D

第 27 题

能正确表示逻辑关系：“a≥10 或 a≤0”的 C 语言表达式是（　　）。

A. a>=10 or a<=0　　B. a>=0 | a<=10

C. a>=10 && a<=0　　D. a>=10 || a<=0

答案：D

第 28 题

下列语句的结果是（　　）。

```
main()
{ int j;
  j=3;
printf("%d,",++j);
printf("%d",j++);
}
```

A. 3，3　　B. 3，4　　C. 4，3　　D. 4，4

答案：D

第 29 题

若有以下定义：“char s='\092';”，则该语句（　　）。

A. 使 s 的值包含 1 个字符　　B. 定义不合法，s 的值不确定

C. 使 s 的值包含 4 个字符　　D. 使 s 的值包含 3 个字符

答案：B

第 30 题

在 C 语言中，形参的缺省存储类是（　　）。

A. auto　　B. register　　C. static　　D. extern

答案：A

四、程序填空题

共 2 题（每小题 1 分，共计 20 分）

第 1 题

【程序填空】

功能：考查字符串数组的应用。输出 26 个英文字母。

```
#include <stdio.h>
void main(void)
{
  char string[256];
  int i;
  /**********SPACE**********/
  for(i = 0; i < 26;①)
  /**********SPACE**********/
    string[i] =②;
  string[i] = '\0';
  /**********SPACE**********/
  printf("the arrary contains %s\n",③);
}
```

答案：

① i++、++i、i=i+1 或 i+=1

② 'A'+ i、i+'A'、65 + i 或 i+65

③ string

第 2 题

【程序填空】

功能：将 s 所指字符串的正序和反序进行连接，形成一个新串并放在 t 所指的数组中。

例如：当 s 串为"ABCD"时，则 t 串的内容应为"ABCDDCBA"。

```
#include  <conio.h>
#include  <stdio.h>
#include  <string.h>
void fun(char  *s, char  *t)
{
  int  i, d;
  /**********SPACE**********/
  d = ①;
  /**********SPACE**********/
```

```
    for(i = 0; i<d; ②)

      t[i] = s[i];
    for(i = 0; i<d; i++)
      /**********SPACE**********/
      t[③] = s[d-1-i];
    /**********SPACE**********/
    t[④] ='\0';
}
main()
{
    char  s[100], t[100];
    printf("\nPlease enter string S:"); scanf("%s", s);
    fun(s, t);
    printf("\nThe result is: %s\n", t);
}
```

答案：

① strlen (s)

② i++、i=i+1、i+=1 或++i

③ i++或 i+d

④ 2*d、d*2、i+d 或 d+i

五、程序改错题

共 1 题（共计 10 分）

【程序改错】

功能：求 100 以内（包括 100）的偶数之和。

```
#include <stdio.h>
main()
{
    /**********FOUND**********/
    int i,sum=1;
    /**********FOUND**********/
    for(i=2;i<=100;i+=1)
      sum+=i;
    /**********FOUND**********/
    printf("Sum=%d \n";sum);
}
```

答案：

改错一：int i, sum=0;

改错二：for (i=2; i<=100; i+=2)

改错三：printf ("Sum=%d \n", sum);

六、程序设计题

共 2 题（每小题 10 分，共计 20 分）

第 1 题

【程序设计】

功能：求一批数中小于平均值的数的个数。

```
#include<stdio.h>
void  wwjt();
int average_num(int a[],int n)
{
  /**********Program**********/
  /**********End**********/
}
main()
{
  int n,a[100],i,num;
  scanf("%d",&n);
  for(i=0;i<n;i++)
    scanf("%d",&a[i]);
  num=average_num(a,n);
  printf("the num is:%d\n",num);
  wwjt();
}
void wwjt()
{
  FILE *IN,*OUT;
  int n;
  int i[10];
  int o;
  IN=fopen("in.dat","r");
  if(IN==NULL)
  {
    printf("Read FILE Error");
  }
  OUT=fopen("out.dat","w");
  if(OUT==NULL)
  {
```

```
    printf("Write FILE Error");
  }
  for(n=0;n<5;n++)
  {
    fscanf(IN,"%d",&i[n]);
  }
  o=average_num(i,5);
  fprintf(OUT,"%d\n",o);
  fclose(IN);
  fclose(OUT);
}
```

答案：

```
  int i,sum=0,k=0;
  double average;
  for(i=0;i<n;i++)
    sum=sum+a[i];
  average=sum * 1.0/n;
  for(i=0;i<n;i++)
    if(average>a[i]) k++;
  return(k);
```

第 2 题

【程序设计】

功能：用辗转相除法求两个整数的最大公约数。

```
#include<stdio.h>
void  wwjt();
int gcd(int n,int m)
{
  /*********** Program **********/
  /*********** End **********/
}
main()
{
  int n,m,result;
  scanf("%d%d",&n,&m);
  result=gcd(n,m);
  printf("the gcd is %d\n",result);
  wwjt();
}
void wwjt()
{
```

```
  FILE *IN, *OUT;
  int m,n;
  int i[2];
  int o;
  IN=fopen("in.dat","r");
  if(IN==NULL)
  {
    printf("Read FILE Error");
  }
  OUT=fopen("out.dat","w");
  if(OUT==NULL)
  {
    printf("Write FILE Error");
  }
  for(n=0;n<6;n++)
  {
    for(m=0;m<2;m++)
    {
      fscanf(IN,"%d",&i[m]);
    }
    o=gcd(i[0],i[1]);
    fprintf(OUT,"%d\n",o);
  }
  fclose(IN);
  fclose(OUT);
}
```

答案：

```
int r,t;
if(n<m) { t=n;n=m;m=t;}
r=n%m;
while(r!=0)
{ n=m;m=r;r=n%m;}
return(m);
```

参考文献

[1] 王敬华，林萍等.C语言程序设计教程习题解答与实验指导［M］. 北京：清华大学出版社，2010.
[2] 谭浩强.C程序设计试题汇编［M］. 北京：清华大学出版社，2012.
[3] 王富强，孔锐睿.C语言程序设计实验指导［M］. 北京：人民邮电出版社，2016.
[4] 李春葆. 新编C语言习题与解析［M］. 北京：清华大学出版社，2013.
[5] 陈朔鹰，陈英.C语言程序设计与习题集［M］. 北京：人民邮电出版社，2003.
[6] 田淑清.C语言程序设计辅导与习题集［M］. 北京：中国铁道出版社，2000.
[7] 新思路教育科技研究中心. 全国计算机等级考试上机考试新版题库［M］. 成都：电子科技大学出版社，2019.
[8] 未来教育. 全国计算机等级考试模拟考场［M］. 成都：电子科技大学出版社，2014.
[9] Brian W. Kernighan. C程序设计语言习题解答［M］. 杨涛，译. 北京：机械工业出版社，2019.
[10] 谭浩强.C程序设计学习辅导［M］. 北京：清华大学出版社，2017.